中国国家文化公园丛书

丛书主编 韩子勇

黄河
国家文化公园
100问

程遂营 张 野 等 / 编著

南京出版传媒集团 南京出版社

图书在版编目（CIP）数据

黄河国家文化公园100问 / 程遂营等编著. -- 南京：南京出版社, 2023.9

（中国国家文化公园丛书）

ISBN 978-7-5533-4261-0

Ⅰ. ①黄… Ⅱ. ①程… Ⅲ. ①黄河 - 国家公园 - 问题解答 Ⅳ. ①S759.992-44

中国国家版本馆CIP数据核字（2023）第110428号

丛 书 名 中国国家文化公园丛书
丛书主编 韩子勇
书　　名 黄河国家文化公园100问
作　　者 程遂营　张　野 等
出版发行 南京出版传媒集团
南　京　出　版　社

社址：南京市太平门街53号　邮编：210016
网址：http://www.njcbs.cn　电子信箱：njcbs1988@163.com
联系电话：025-83283893、83283864（营销）　025-83112257（编务）

出 版 人 项晓宁
出 品 人 卢海鸣
责任编辑 王绪绪
装帧设计 王　俊
责任印制 杨福彬

排　　版 南京新华丰制版有限公司
印　　刷 南京顺和印刷有限责任公司
开　　本 787 毫米 × 1092 毫米　1/16
印　　张 12.5　插页2
字　　数 163千
版　　次 2023年9月第 1 版
印　　次 2023年9月第 1 次印刷
书　　号 ISBN 978-7-5533-4261-0
定　　价 39.00 元

用微信或京东APP扫码购书

用淘宝APP扫码购书

总　序

如果只选一个字，代表中华文明观念，就是“中”。

一个“中”字，不仅是空间选择，也是民族、社会、文化、情感、思维方式的选择。我们的早期文明中很重要的一件事，就是立“天地之中”——确立安身立命的地方。宅兹中国、求中建极、居中而治、允执厥中、极高明而道中庸……求中、建中、守中，抱元守一，一以贯之，这是超大型文明体、超大型社会得以团结统一、绵绵不绝、生生不息的内在要求。

“中”是“太初有言”，由中乃和，由中乃容，由中乃大，由中乃成，由中而大一统。所谓“易有太极，是生两仪，两仪生四象，四象生八卦”（《易传 · 系辞上》），八卦生天地。一个“中”字，是文明的初心，是最早的中国范式，是中华民族的“我思故我在”，是渗透到我们血脉里的DNA，是这个伟大共同体的共有姓氏。以中为中，俯纳边流，闳约深美，守正创新。今天，中国共产党人带领中国人民，在中国式现代化征程中，努力建设中华民族现代文明。一幅中华民族伟大复兴的壮丽画卷，正徐徐展开。

习近平总书记指出：“一部中国史，就是一部各民族交融汇聚成多元一体中华民族的历史，就是各民族共同缔造、发展、巩固统一的伟大祖国的历史。各民族之所以团结融合，多元之所以聚为一体，源自各民族文化上的兼收并蓄、经济上的相互依存、情感上的相互亲近，源自中华民族追求团结统一的内生动力。正因为如此，中华文明才具有无与伦比的包容性和吸纳力，才可久可大、根深叶茂。”“我们辽阔的疆域是各民族共同开拓的。”“我们悠久的历史是各民族共同书写的。”“我们灿烂的文化是各民族共同创造的。”“我们伟大的精神是各民族共同培育的。”长城、大运河、长征、黄河、长江，无比雄辩地印证了“四个共同”的中华民族历史观。建好用好长城、大运河、长征、黄河、长江国家文化公园，打造中华文化标识，铸牢中华民族共同体意识，夯实习近平总书记“四个共同”的中华民族历史观，是新时代文化建设的战略举措。最近，习近平总书记在文化传承发展座谈会上发表重要讲话，指出中华文明具有突出的连续性、突出的创新性、突出的统一性、突出的包容性和突出的和平性五个特性。长城、大运河、长征、黄河、长江，最能体现中华文明这五个突出特性。目前，国家文化公园建设方兴未艾，在紧锣密鼓展开具体项目、活动和工作时，扎扎实实贯彻落实好习近平总书记关于“四个共同”“五个突出特性”等重要指示精神，尤为重要，正当其时。

“好雨知时节，当春乃发生。”南京出版社，传时代新声，精心组织专家学者，及时策划、撰写、编辑、出版了这套国家文化公园丛书。我想，这套丛书的出版，对于国家文化公园的建设者，对于急于了解国家文化公园情况的人们，都是大有裨益的。

国家文化公园专家咨询委员会总协调人、长城组协调人，中国艺术研究院原院长、中国工艺美术馆（中国非物质文化遗产馆）原馆长

韓子勇

2023 年 6 月

目录

序篇

第一篇 历史文明

第二篇　文化艺术

第三篇　科学技术

第四篇　绿色生态

第五篇 时代精神

序篇

1

黄河为什么被称为“百川之首”？

我国拥有许多条源远流长的大江大河，是世界上河流最多的国家之一。据统计，我国流域面积在 50 平方千米以上的河流有 45200 多条，流域面积在 1000 平方千米以上的河流有 1500 多条，流域面积在 10000 平方千米以上的河流有 220 多条。其中，知名的大河有长江、黄河、珠江、淮河、辽河、海河、黑龙江、塔里木河、雅鲁藏布江、澜沧江、怒江等。而在我国众多河流当中，黄河有着与众不同的地位。

众所周知，黄河是中国的第二长河。但是，在很多人的心目中，黄河却是“百川之首”。早在《汉书·沟洫志》中就有这样的记载：“中国川原以百数，莫著于四渎，而河为宗。”这里所说的“河”指的就是“黄河”。在中国历史上，黄河被誉为“百川之首”“四渎之宗”，是中国的“圣河”，是中华民族的基本文化符号。

黄河是一条独特的河流。黄河发源于青藏高原巴颜喀拉山脉，自西向东蜿蜒曲折奔向渤海，大曲大折的黄河在上中游形成“几”字状，是世界上唯一的一条呈矩形的河流，在世界上千千万万条河流中独树一帜。黄河特有的曲线美当属世界大河之首，这不得不让人赞叹黄河的雄伟与大自然的神奇。黄河中段流经黄土高原地区，夹带了大量的泥沙，它因此被称为世界上含沙量最多的河流。黄河最大年输沙量可达39.1亿吨，平均年输沙量也可达16亿吨。在这16亿吨泥沙中，有4亿吨沉积在河道中，其余12亿吨则被带到入海口。“一碗水，半碗泥”，这是对黄河水的生动描述。

黄河孕育了辉煌的农耕文明。黄河流域作为世界上著名的大河文化区域之一，很早以前就有我们的先民在这里活动，黄河中下游曾是我国居住人口最多的地区。黄河流域气候温和，水文条件优越。黄河流域的土质肥沃疏松，土壤结构优良，储水和排水能力强，养分和水分易上升，有利于农作物的生长。黄河流域的地下水位较低，土壤的渗水性较好，便于进行农耕灌溉。黄河流域得天独厚的自然条件十分有利于农耕，也非常适宜先民们定居生活。勤劳的中华民族在黄河流域广袤的土地上，不断改善生产生活环境，改良农业生产工具，培育出了一系列丰富的农作物，总结出了一套完整的农业生产经验和理论，形成了中国古代最发达的农业经济区之一，创造了辉煌的农耕文明。

黄河孕育了灿烂的中华文明。黄河文化在中国古代文明中具有主体地位和主导作用。黄河文化不仅长期居于多元文化的领导地位，也成为多元文化的中心和中华古文明的代表，还不断地给予周围的多元文化深刻影响，最终以自己为核心形成了一个统一的、不可分割的文化整体——中华文明。仅从影响中国历史的朝代来看，夏、商、周三代及后来的西汉、东汉、隋、唐、北宋等王朝，其核心地区都在黄河中下游一带。在这里，不仅产生了大量反映中华民族智慧的古代经典文化著作，还涌现出了很多科学技术、发明创造等。黄河文化在经济上具有先进性，在政治上具有正统性，这使之具有一种自然的文化吸引力和凝聚力。

黄河不同于其他河流，它既有独特的自然形态，又有突出的文化特质，更有优越的文化地位，不愧为“百川之首”。

◎ 延伸阅读

黄河的干流与支流

根据《中华人民共和国黄河保护法》，黄河流域是指黄河干流、支流和湖泊的集水区域所涉及的青海省、四川省、甘肃省、宁夏回族自治区、内蒙古自治区、山西省、陕西省、河南省、山东省的相关县级行政区域；黄河干流是指黄河源头至黄河河口，流经青海省、四川省、甘肃省、宁夏回族自治区、内蒙古自治区、山西省、陕西省、河南省、山东省的黄河主河段（含入海流路）；黄河支流是指直接或者间接流入黄河干流的河流，支流可以分为一级支流、二级支流等，黄河重要支流是指湟水、洮河、祖厉河、清水河、大黑河、皇甫川、窟野河、无定河、汾河、渭河、伊洛河、沁河、大汶河等一级支流。

2

九曲黄河流经了哪些地方？

黄河蜿蜒曲折，素有“九曲黄河”之称。黄河发源于青藏高原巴颜喀拉山北麓，自西向东流经了多个区域。现今的黄河流经青海省、四川省、甘肃省、宁夏回族自治区、内蒙古自治区、山西省、陕西省、河南省、山东省 9 个省及自治区，44 个地区（州、盟、市），138 个县（旗）。历史上由于黄河下游频繁改道迁徙，黄河曾流经今河北省、天津市、河南省、山东省、安徽省、江苏省 6 省市。从现今黄河所流经的 9 省区来看，青海省的黄河流域面积最大，占黄河流域总面积的 19.1%；山东省最少，占流域总面积的 1.6%；宁夏回族自治区有 75.2% 的面积在黄河流域内。

黄河干流全长 5464 千米，落差 4480 米。黄河流域东西长约 1900 千米，南北宽约 1100 千米，流域面积达 79.5 万平方千米。据统计，黄河支流众多，流域面积大于 100 平方千米的支流有 220 条；流域面积大于 1000 平方千米的支流有 76 条，占全河集流面积的 77%；流域面积大于 10000 平方千米的支流有 11 条，占全河集流面积的 50%。黄河左右岸流域面积分别为 29.3 万平方千米和 45.9 万平方千米，分别占全河集流面积的 39% 和 61%。黄河的干流与支流构成一个庞大的水系网，呈现出树枝状、格子状、羽毛状、散流状、扇状、辐射状等平面形态。

黄河流经地域广阔，地形复杂。黄河分为上中下游三阶段，流经了三级阶梯，最后在东营垦利流入渤海。蜿蜒的黄河在我国的版图上，生动地绘就了一个巨大的“几”字。

黄河上游流经青海省、四川省、甘肃省、宁夏回族自治区、内蒙古自治区。黄河从青海省巴颜喀拉山北麓的卡日曲流出后，向东流经四川省若尔盖县城，与白河汇合。黄白二河争流，景象极为壮观。黄河轻抚四川后，又转身回到青海，形成了壮美的九曲黄河第一湾。黄河上游地形以山地为主，主要流经青藏高原和内蒙古高原，这段水量大且水能资源丰富。根据上游河道的特性，可将其划分为河源段、峡谷段和冲积平原段 3 个部分。河源段是从青海的黄河源至龙羊峡，该段黄河曲折迂回，水质清澈；峡谷段是从青海龙羊峡至宁夏回族自治区青铜峡，该段黄河穿峡而过，水流湍急；冲积平原段是从宁夏回族自治区青铜峡至内蒙古自治区托克托县河口镇，该段地势平缓，水流缓慢。

黄河中游流经山西省和陕西省，流经的地形区为黄土高原。黄土高原土层深厚、土质疏松，并且夏秋多暴雨，这使得黄河成为世界上含沙量最大的河流。

“九曲黄河万里沙，浪淘风簸自天涯。”唐代文学家刘禹锡的这句诗，是对九曲黄河的真实写照。黄河中游有世界上最大的黄色瀑布，即中国第二大瀑布——壶口瀑布，它是黄河流域壮美的自然景观之一。黄河在中游段留下了一道风景线，其在山西省永和县和陕西省延川县之间有一处乾坤湾，转弯角度在 320 度以上，景象壮观，气势恢宏，乾坤湾形似一幅天然太极图，被誉为“天下黄河第一湾”。

黄河下游流经河南省和山东省。黄河中下游地形以丘陵、平原为主，该段受地形影响，夹带的泥沙开始沉积。黄河由原先的开山凿谷，转为泥沙造路，形成了中国第二大冲积平原——华北平原。下游出现河床升高现象，产生了“悬河”奇观。

黄河在这数千米的曲曲折折中，形成了丰富的地理地貌，产生了壮观的神奇景象，孕育着数千年奔腾不息的中华文明。

◎ 延伸阅读

黄河流经的地区

黄河上游地区：青海省玉树藏族自治州、果洛藏族自治州、海南藏族自治州、黄南藏族自治州、西宁市；四川省阿坝藏族羌族自治州；甘肃省甘南藏族自治州、临夏回族自治州、兰州市、白银市；宁夏回族自治区中卫市、吴忠市、银川市、石嘴山市；内蒙古自治区乌海市、鄂尔多斯市、阿拉善盟、巴彦淖尔市、包头市、呼和浩特市。

黄河中游地区：陕西省榆林市、延安市、渭南市；山西省忻州市、吕梁市、临汾市、运城市。

黄河下游地区：河南省三门峡市、洛阳市、济源市、焦作市、郑州市、濮阳市、新乡市、开封市；山东省菏泽市、济宁市、泰安市、聊城市、济南市、德州市、滨州市、淄博市、东营市。

3

黄河为什么是利民之河？

“上善若水，水善利万物而不争。”自古以来，“兴水利”是黄河流域人们面对黄河作出的重要选择。一方面是水沙并用，用水有供水、灌溉、通航，用沙有浑水淤灌、放淤等；另一方面是防治水害，在上中游防治水土流失，在下游预防洪水灾害。黄河是灾害之河，更是利民之河。

黄河流域是我国重要的水资源分布区。历史上，黄河流域具有发达的水系，为先民生活用水和发展灌溉农业提供了重要水源。黄河上游的青海省玉树藏族自治州和果洛藏族自治州、四川省阿坝藏族羌族自治州和甘孜藏族自治州、甘肃省甘南藏族自治州等地区河湖湿地资源丰富，是黄河水源的主要补给地。如今，黄河也是我国西北和华北地区最大的供水水源。黄河以仅占全国 2%的水资源总量，承担了全国 12%的人口、15%的耕地以及 50 多座大中城市的供水任务。

黄河流域有我国重要的粮食产区。仓廪实，天下安。历史上，生活在黄河冲积平原的古人培育了只需播种不需特别照料就可以收获的粟、黍，它们作为稳定的食物来源，大大提高了人们的生存保障，促进了中国古代农耕的发展。如今，黄河流域是我国重要的粮棉油生产基地和经济作物产区。黄河流域耕地面积占全国总量的35%，粮食和肉类产量占全国总量的三分之一左右。尤其是黄淮海平原、汾渭平原、河套灌区是农产品主产区，在我国粮食安全体系中具有重要地位。

黄河流域是我国重要的水利枢纽集中区。目前，黄河已有陆浑水库、故县水库、西霞院反调节水库、小浪底水利枢纽、三门峡水利枢纽、青铜峡水利枢纽等多个水利枢纽，李家峡、刘家峡、龙羊峡等多个水电站。一座座水利工程充分发挥综合效益，提升了黄河流域水旱灾害防御、水资源节约集约利用、水资源优化配置、水生态保护治理等能力。其中，小浪底水利枢纽是黄河目前最大的水利枢纽工程，它以防洪、防凌、减淤为主要任务，兼顾供水、灌溉和发电等。小浪底水利枢纽主体工程的开工揭开了治黄史上最辉煌壮丽的一页，抓住了水沙调节的“牛鼻子”，确保了黄河畅通无阻、长年不断流，造福了沿黄人民。

黄河流域是我国重要的“能源流域”。黄河上游地区的水能资源，中游地区的煤炭资源，下游地区的石油、天然气、油页岩等资源十分丰富，黄河流域是我国重要的能源、化工、原材料和基础工业基地。这些能源不仅满足了人们的生活需求，还对区域经济的发展起到了带动作用。

党的十八大以来，习近平总书记心系黄河、情牵黄河流域的人民，把黄河流域的治理、保护和发展作为重要议题。他强调，要科学分析当前黄河流域生态保护和高质量发展形势，把握好推动黄河流域生态保护和高质量发展的重大问题，咬定目标、脚踏实地，埋头苦干、久久为功，确保“十四五”时期黄河流域生态保护和高质量发展取得明显成效，为黄河永远造福中华民族而不懈奋斗。

4

黄河塑造了哪些地形地貌？

黄河流域西接昆仑山、北抵阴山、南倚秦岭、东临渤海，横跨我国的西中东部。根据流经的地貌不同，黄河分成了上游、中游、下游三个阶段。黄河上游地形以高原、山地为主，中游穿行于土质疏松的黄土高原，下游进入华北平原，中下游以丘陵、平原为主。黄河有着世界大河中最为伟大的塑造平原的能力，主要塑造的平原有宁夏平原、河套平原和华北平原。

宁夏平原位于我国西北地区，北至石嘴山，南抵黄土高原，西靠贺兰山，东达鄂尔多斯高原，总面积约 1.7 万平方千米。被誉为塞上江南的宁夏平原由地堑构造和黄河冲积共同打造而成。贺兰山与宁夏平原之间分布着东北—西南走向的断裂带，在断裂带的作用下，宁夏平原西侧的贺兰山与东侧的鄂尔多斯高原不断隆起，形成山脉。而位于中部的宁夏平原由于断层而断裂下陷，相对东西两侧下降，形成地堑构造。黄河自南向北流经宁夏平原，这一地区地势平坦，因此流速十分缓慢，泥沙在山口附近堆积，形成了冲积平原。

河套平原位于内蒙古自治区西部，北至阴山脚下，是黄河沿岸的冲积平原，总面积约 2.5 万平方千米。上更新世黄河河套平原段逐渐形成，湖积层上普遍覆盖着黄河冲积层，沉积物以沙土和黏土为主。这时气候逐渐变为干燥，山前冲积、洪积物开始堆积，形成冲积洪积扇群，并逐步发展成山前洪积平原。在山地上升相对速度加快的情况下，黄河被迫数次改道。随着黄河的迁徙，大量的冲积物质遗留下来，逐渐形成黄河冲积平原。山前洪积平原与黄河冲积平原在发展中连在一起，构成了广大的河套平原。

华北平原又名黄淮海平原，是我国三大平原之一。它北抵燕山南，南到大别山北，西依太行山，东临渤海和黄海，总面积约 30 万平方千米。黄河改道过程中，与海河、淮河、滦河等河流共同塑造了华北平原，而黄河是塑造华北平原的主力军。华北平原在中生代为隆起区，局部发育了断陷盆地；新生代断块活跃，古近纪形成次级断陷盆地；新近纪、第四纪堆积的范围扩大，形成连片的大平原，边缘断块山的隆起与新生代的相对下沉，形成较厚的沉积，使得黄河在孟津地区形成了巨大的冲积扇。其实在远古时期，整个华北平原是一片汪洋大海，那么，为什么黄河能填平这么巨大的一片海域，将其塑造成世界上最肥沃的、养育人口最多的平原之一呢？这是由于黄河携带着巨大的泥沙量入海，大量的泥沙沉积，形成了平坦而巨大的华北平原。

“黄河之水天上来，奔流到海不复回”。西高东低的地形为黄河提供了巨大的势能和冲击力，也造就了中华大地上的多处大平原，给人类文明带来了巨大的影响。

◎ 延伸阅读

黄河流经的三级阶梯

我国地势西高东低，大致呈三级阶梯分布。第一级阶梯为我国西南部的青藏高原，平均海拔在 4000 米以上；第二级阶梯在青藏高原边缘以东和以北，是一系列宽广的高原和巨大的盆地，海拔在 1000—2000 米左右；第三级阶梯在我国东部，主要是丘陵和平原分布区，大部分地区海拔在 500

米以下。黄河流经我国三级阶梯。黄河上游发源于青藏高原，属第一级阶梯；进入黄土高原后，流经第二级阶梯；黄河进入华北平原直至流入渤海，属于第三级阶梯。

5

黄河孕育了哪些历史文化名城、名镇和名村？

古往今来，黄河不仅滋养着沿岸的土地，也哺育着沿线的聚落。黄河流域分布着数量众多的历史文化名城、名镇和名村。据统计，黄河流经的9个省区有国家级历史文化名城45个、国家级历史文化名镇81个、国家级历史文化名村138个。这些历史文化名城、名镇、名村是黄河文化的重要载体，对讲好“黄河故事”具有重要意义。

在黄河所孕育的城市中，历史文化名城是重要的代表。例如国家级历史文化名城有青海省同仁，甘肃省敦煌、武威、天水、张掖，宁夏回族自治区银川，内蒙古自治区呼和浩特，陕西省西安、延安、榆林、韩城、汉中、咸阳，山西省太原、大同、平遥、新绛、代县、祁县，河南省洛阳、开封、商丘、安阳、南阳、濮阳、郑州、浚县，山东省曲阜、济南、青岛、聊城、邹城、临淄、泰安、蓬莱、烟台、青州等。

古都是历史文化名城中的突出代表。据不完全统计，我国各类古都约有220座，而黄河流经的9个省区约有80座古都。在这些古都中，既有统一王朝的都城、割据王朝的都城、各个民族政权的都城，也有农民起义的都城。从黄河下游开始，自东向西溯流而上，依次分布着淄博、曲阜、安阳、邯郸、开封、郑州、洛阳、西安、咸阳、太原、大同、呼和浩特、银川、兰州、西宁等大大小小的古都。在中国八大古都中，黄河流域就有5座，分别为开封、洛阳、安阳、西安、郑州。这些古都蕴含着中华民族生生不息的文化密码。黄河两岸的古都发展史，堪称中华文明的演进史。

黄河流域分布着众多历史文化名镇，如青海省街子镇、甘肃省青城镇、陕西省青木川镇、山西省碛口镇、河南省朱仙镇、山东省大汶口镇等。其中，山西省碛口镇素有“九曲黄河第一镇”之称。黄河因“碛”而生险，碛口因“险”而成镇。黄河孕育了碛口，晋商为碛口添彩。黄河进入晋陕大峡谷后，到碛口丢掉了汹涌咆哮的脾性，展现出一种平静婉约的姿态，河道豁然变宽，河道最宽处有400米左右。然而，由于湫水河携带的泥沙堆积在黄河河道中，之后河道骤然紧缩至80米，这使得黄河水在乱石堆中冲撞穿行，在寻求出路时黄河发雷霆之怒，浊浪滔滔，出现了一处险滩。如今，站在碛口古镇的标志性建筑黑龙庙上向远方眺望，在黄河的雄浑气势下，大地呈现出一幅“虎啸黄河，龙吟碛口”的壮丽图景。

黄河流域还分布着大量的历史文化名村。例如黄河进入宁夏回族自治区后流经的第一个村庄——中卫市南长滩村，它是中国历史文化名村。黄河自甘肃省进入宁夏回族自治区后，在香山中穿行70千米，这一段被称为黑山峡。黄河在这里优美地拐了一个大弯，在黄河的南岸形成了一个月牙形的长滩，这就是南长滩。南长滩村是党项族后裔的定居之地，这里不仅风景优美，还有史前岩画、古代水车等历史遗迹，无怪乎被誉为“宁夏黄河第一村”。

黄河流域是众多古城、古镇和古村的摇篮，在黄河母亲的哺育下，众多古城、古镇和古村得以茁壮成长。而在众多古城、古镇和古村的存续中，黄河文化也得到了保护、传承和弘扬。

◎ 延伸阅读

黄河流域的历史文化名镇和名村

黄河流域的“中国历史文化名镇”：青海省街子镇；四川省平乐镇、安仁镇等；甘肃省哈达铺镇、青城镇等；内蒙古自治区王爷府镇、多伦淖尔镇等；陕西省陈炉镇、青木川镇等；山西省静升镇、碛口镇等；河南省赊店镇、朱仙镇等；山东省新城镇、南阳镇、王村镇、大汶口镇等。

黄河流域的“中国历史文化名村”：青海省郭麻日村、电达村等；四川省莫洛村、迤沙拉村等；甘肃省街亭村、胡家大庄村等；宁夏回族自治区南长滩村；内蒙古自治区美岱召村、五当召村；陕西省党家村、杨家沟村、柏社村；山西省西湾村、皇城村等；河南省临沣寨村、张店村等；山东省朱家峪村、东楮岛村等。

6

黄河国家文化公园会建成什么样？

国家文化公园是我国文化领域新提出的战略性文化工程，是我国高质量发展进程中的重要文化空间。黄河国家文化公园是我国国家文化公园体系中的重要组成部分，是保护、传承、弘扬黄河文化的重要公共空间。2020年，《中共中央关于制定国民经济和社会发展第十四个五年规划和二〇三五年远景目标的建议》正式提出建设黄河国家文化公园，黄河国家文化公园从此成为我国国家文化公园大家庭中的重要一员。

对黄河国家文化公园内涵的把握，离不开“黄河”“国家”“文化”“公园”四个关键词。“黄河”是建设范围，包括空间范围和符号范围，黄河流域及其沿线附近地区是黄河国家文化公园地理上的空间位置，而黄河本身也是中华文明的代表性符号和重要标志。“国家”是建设主体，黄河国家文化公园是站在国家高度的顶层设计，始终代表着中华民族精神和时代精神，具有国民认同度广泛、充分体现国家形象、彰显大国风范等特征与使命。“文化”是建设内容，黄河国家文化公园的建设，就是充分展现黄河文化及其强大的文化影响力和包容性，将黄河流域及其沿线附近区域的文化符号串联起来，并将其打造成统一的文化符号。“公园”是空间载体，以公园为特定的开放空间形式，集中打造黄河文化的重要标志，通过推进管控保护区、主题展示区、文旅融合区和传统利用区建设，协调推进黄河文化资源保护、传承、开发与利用进程。

黄河国家文化公园会建成黄河文化保护、传承和弘扬的核心区。黄河国家文化公园依托黄河流域文化资源富集、文化根基深厚的优势，从战略高度深入挖掘黄河文化资源，保护好、传承好与弘扬好黄河文化，促进黄河文化创造性转化和创新性发展，充分展现中华优秀传统文化的丰富内涵。

黄河国家文化公园会建成黄河流域高质量发展的承载区。黄河国家文化公园以满足人民群众日益增长的美好生活需要为建设目标，遵循创新驱动战略、统筹协调原则、绿色生态理念、开放合作途径、共享发展成果的工作机制，努力建设成为黄河流域高质量发展的承载区。

黄河国家文化公园会建成国家文化形象展示的样板区。黄河国家文化公园注重黄河文化视觉形象、黄河文化 IP 形象和黄河文化传播形象的构建，努力建设成为国家文化形象展示的样板区，以增强中华民族的文化认同感和文化自信心。

黄河国家文化公园会建成国民公共休闲的示范区。黄河国家文化公园

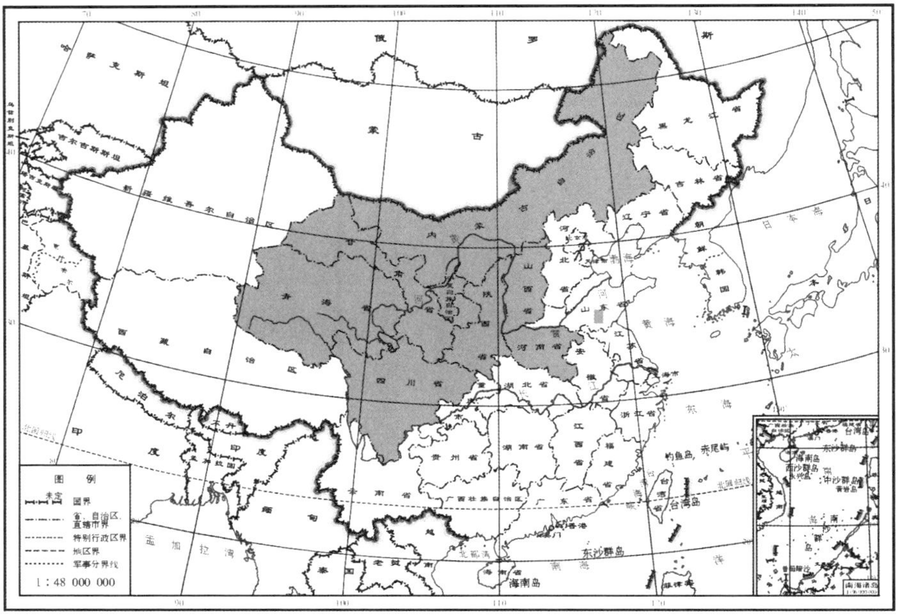

审图号：GS(2016)1600号　　　　自然资源部 监制

黄河国家文化公园所涉省（区）示意图

针对国民大众的休闲需求，通过合理优化布局休闲空间、多元化发展休闲业态、有效开发休闲产品、实施科学有效的休闲管理、推动完善休闲服务制度，努力建设成为国民公共休闲的示范区。

黄河国家文化公园会建成文旅深度融合发展的先行区。黄河国家文化公园深入贯彻“以文塑旅、以旅彰文”的理念，以文化遗产资源为内核，以旅游产业功能为载体，串点成线、连线成面，构建文旅融合立体化发展格局，努力建设成为文化和旅游深度融合发展的先行区。

◎ **延伸阅读**

《黄河国家文化公园建设保护规划》

2023 年 7 月，多部门联合印发《黄河国家文化公园建设保护规划》。规划范围包括黄河流经的青海省、四川省、甘肃省、宁夏回族自治区、内蒙古自治区、陕西省、山西省、河南省、山东省九个省（区），以黄河干支流流经的县级行政区为核心区，各地可根据实际情况和黄河故道发展历史延伸至联系紧密区域。

《黄河国家文化公园建设保护规划》提出构建黄河国家文化公园“一廊引领、七区联动、八带支撑”总体空间布局，分类建设管控保护、主题展示、文旅融合、传统利用四类重点功能区，提出全面推进强化文化遗产保护传承、深化黄河文化研究发掘、提升环境配套服务设施、促进黄河文化旅游融合、加强数字黄河智慧展现五大重点任务实施。

7

黄河国家文化公园如何推进文化遗产保护？

黄河国家文化公园具有丰富而多彩的文化遗产，是黄河文化遗产保护、传承、利用的重要空间。保护好、传承好、利用好黄河文化遗产，是黄河国家文化公园建设的核心任务。

黄河国家文化公园文化遗产保护是一项长期的系统工程，要坚持前瞻性、科学性、系统性、连续性、针对性等原则，对黄河文化遗产进行持续保护。黄河国家文化公园文化遗产保护宜采取如下路径。

第一，主题突出，重点保护。黄河国家文化公园要凸显重大黄河文化主题，彰显黄河文化特色，体现黄河文化精神。黄河国家文化公园应讲好黄河生态史、黄河文学史、黄河艺术史、黄河科技史、黄河文化交流史、黄河治理史等黄河历史故事，讲好黄河故道、黄河河工设施、黄河考古遗址、黄河农耕非遗等黄河遗产故事。

第二，主次分明，分类保护。黄河国家文化公园可根据黄河文化遗产的等级、种类、数量、规模、聚集度、组合形态等情况，分清黄河文化遗产的主次，实施黄河文化遗产梯度分类保护。黄河国家文化公园要以黄河河道本体遗产和黄河沿线聚落文化遗产为主，对物质文化遗产中的不可移动文物和可移动文物进行分类保护，对不同类型的非物质文化遗产采取不同的保护措施。

第三，主体带动，集聚保护。黄河国家文化公园要以世界文化遗产、全国重点文物保护单位、大型考古遗址、国家级非物质文化遗产为核心，聚集一批可移动文物和非物质文化遗产，形成文化遗产集群并进行整体保护。例如黄河国家文化公园可发挥黄河古都大遗址的主体带动作用，保护和展示黄河古都文化。

第四，主角彰显，活态保护。黄河国家文化公园既要维系黄河文化遗产与社区居民、非遗传承者、遗产爱好者的密切关系，也要增进黄河文化遗产与当地的遗产陌生者、当地的新生代、外来的游客之间的密切关系，让文化遗产与他者之间建立生活联系、社交联系、情感联系等多种联系，推进黄河文化遗产的活态保护。

8

黄河国家文化公园如何推进旅游利用?

黄河国家文化公园应遵循创意化、生活化、智慧化、共享化等原则，采取多样化的文化遗产利用方式。其中，旅游开发是重要的利用方式之一。黄河国家文化公园宜采取如下旅游利用路径。

第一，文化遗产融入旅游标识体系。黄河国家文化公园要提取一些具有代表性的黄河文化遗产符号，将这些文化符号充分融入黄河国家文化公园及周边区域的旅游标识体系之中。例如在黄河国家文化公园（河南段）建设中，可以在二里头遗址、隋唐洛阳城遗址、北宋东京城遗址等遗址中提取文化符号，融入黄河国家文化公园的旅游标识体系。

第二，文化遗产进入旅游景观序列。黄河国家文化公园的文化遗产本体可以成为旅游休闲者直接观赏的原真性景观，也可以通过创意转化为建构性旅游景观。黄河文化遗产景观要在最大程度上保持原真性，构成黄河国家文化公园的持久魅力。例如黄河国家文化公园要结合旅游者的审美需求和时尚元素，在景观颜色、线条、结构、规模、载体、文化要素等方面进行创意转化。

第三，文化遗产转入旅游体验项目。黄河国家文化公园要充分利用创意设计和科技手段“活化”黄河文化遗产，形成一批丰富的旅游体验项目。例如在黄河国家文化公园建设中，可将黄河埽工、黄河号子等遗产转化为旅游体验项目，让旅游者在参与体验中感受文化遗产的价值和魅力。

第四，文化遗产嵌入旅游多元业态。黄河国家文化公园文化遗产的旅游利用要考虑游客的多元需求，要充分融入旅游产业的多元业态。例如以黄河文化遗产为投影内容的灯光秀，以黄河文化遗产为实景背景或仿实场景的沉浸式演艺，将黄河非遗融入场景的康养旅游、旅游民宿等业态，都可以成为黄河国家文化公园文化遗产的旅游利用形式。

无论是黄河国家文化公园的社区居民，还是黄河国家文化公园的游客，都有义务肩负起黄河文化遗产保护利用的重任，共同建设主客参与和主客共享的黄河国家文化公园。

9

黄河国家文化公园如何发挥教育功能？

黄河是中华民族的母亲河，黄河不仅以“水”滋养了中华儿女，更以“文”化育了中华民族。黄河国家文化公园延续历史文脉，着力讲好“黄河故事”，更好地发挥教育功能。

黄河国家文化公园要发挥爱国主义教育功能。黄河国家文化公园是中华优秀文化基因库，蕴含着丰富的爱国主义教育素材，可以激发社会大众的爱国情怀。在黄河国家文化公园中，展示黄河流域从部落到国家的历史进程，展示黄河流域农耕文明在中华文明中的地位，展示黄河流域在中华民族多元一体发展进程中的影响，可以激发广大人民群众的爱国情怀。

黄河国家文化公园要发挥审美教育功能。蜿蜒的黄河是中华民族美丽的母亲河。黄河国家文化公园既有美丽的生态山水，又有迷人的人文山水。黄河国家文化公园具有多姿多彩的景观，镌刻着我们国家和民族最鲜明的印记，具有重要的审美价值。黄河国家文化公园涵盖广阔的地域和丰富的自然景观，呈现出色彩、线条、结构等方面的形式之美，值得广大学生和社会大众去欣赏和品味。透过那一砖一瓦、一曲一舞、一笔一画，游人可以感受黄河文化风情，来一场黄河国家文化公园的“美学散步”。

黄河国家文化公园要发挥生态教育功能。黄河国家文化公园是进行生态文明教育的重要载体，也是实现生态文明教育与生态环境教育双向互动的最佳场所。黄河国家文化公园具有丰富的生态教育素材。例如黄河上游保存有丰富的生物物种及其遗传多样性，黄河中游有山、水、林、草特色生态园，黄河下游有黄河口生态旅游区等。发挥黄河国家文化公园的示范作用，带动周边乃至更大范围内的生态文明建设，可以向游客展示我国生态文明建设成果，使绿色发展理念能够内化于心、外化于行，起到良好的生态教育效果。

黄河国家文化公园要发挥休闲教育功能。黄河国家文化公园是重要的公共休闲空间，适宜设置充足的休闲设施，组织开展丰富的休闲活动，传播积极健康的休闲观念，对社会大众进行休闲教育。一方面，在黄河国家文化公园中可植入传统的休闲娱乐项目，如围棋、象棋、投壶、放风筝、踩高跷、踢毽子、鞭陀螺、骑竹马等，引导社会大众在丰富的活动中传承和发扬中华传统休闲文化；另一方面，在黄河国家文化公园中针对学生群体设计系统的休闲教育课程，教育学生如何合理安排休闲时间和开展有益的休闲活动。加强黄河国家文化公园的休闲教育，可以促进我国休闲教育的发展。

黄河国家文化公园要发挥体育教育功能。黄河国家文化公园具有充裕的体育运动空间，可以布局一定数量的体育设施设备，展示黄河流域的传统体育文化，举办一定规模的体育赛事，设计一系列符合各年龄段特点的体育活动，打造一批体育旅游示范基地，面向学生和社会大众发挥体育教育功能。

黄河赋予中华民族文化的力量，黄河国家文化公园传递教育的力量。黄河国家文化公园以优秀的黄河文化来滋润人、感染人、教育人，这会让更多民众接受黄河文化的熏陶，共享黄河国家文化公园的建设成果，在黄河国家文化公园中凝聚精神力量。

10

黄河国家文化公园如何实现高质量发展?

国家文化公园作为我国文化领域的战略性文化工程，是我国高质量发展进程中的重要文化空间。黄河国家文化公园的高质量发展，是我国国家文化公园高质量发展的核心支撑。

黄河国家文化公园要高质量彰显国家形象。黄河国家文化公园要充分体现“创新、协调、绿色、开放、共享”的发展理念，紧密围绕“文化强国”战略目标，高质量推动黄河文化保护传承弘扬。黄河国家文化公园要从国家意志出发，用黄河文化标志物来形塑国家文化形象，用典型黄河文化符号来表达国家文化形象。另外，黄河国家文化公园也要展示国家治理水平。在黄河国家文化公园建设和管理过程中，要统筹好城乡之间、区域之间、部门之间的关系，协调好政府、社区、社会组织和市场之间的关系，处理好本地居民与外地游客之间的关系，应对好内部凝聚精神力量与外部扩大文化影响之间的关系等。

黄河国家文化公园要高质量彰显人民力量。首先，黄河国家文化公园要充分体现“以人民为中心”。黄河国家文化公园要保障人民的基本文化权益，为广大人民群众提供更多可进入的机会和更好的公共文化服务，依靠人民群众的力量来规划、建设和管理，并把广大人民群众是否满意作为评判标准。其次，黄河国家文化公园要充分体现“以群众生活为重点”。黄河国家文化公园不能脱离群众，要融入民族和社区，贴近群众的生活。国家文化公园要以群众喜闻乐见的形式展示中华文化，推动文化价值普及化、文化供给普惠化、公共休闲服务均等化、智慧旅游服务遍在化、文化获得感和幸福感充实化，从而满足更多人民群众对美好生活的向往。

黄河国家文化公园要高质量建设文化空间。黄河国家文化公园要高质量建设不同区段，高质量协调推进世界遗产地、大型文化遗址、文物保护单位、公园绿地、风景名胜区、文化场馆、文化产业园区、城乡社区等诸多空间形式的融合，构建高质量发展的文化空间体系。

黄河国家文化公园要高质量生产文化内容。黄河国家文化公园要有充实的文化内容和充足的文化产品供给，才能促进黄河文化保护传承弘扬和黄河文化繁荣发展。黄河国家文化公园最重要的文化内容是文化遗产。一方面，要优化黄河文化遗产保护体系，如增加农业文化遗产、水利文化遗产等；另一方面，要活化黄河文化遗产，而发展文化旅游是其重要方式。黄河国家文化公园要彰显核心遗产的价值，形成从核心遗产到一般文化内容的价值延伸。黄河国家文化公园要有高质量的文化内容生产，需要优质文化作品、文化产品和文化业态的支撑，需要创意驱动和科技赋能。

黄河国家文化公园要在“守正”中推进高质量发展。黄河国家文化公园要坚守社会主义文化发展方向，坚持社会主义核心价值观对文化内容的引领，凸显中华优秀传统文化精神，展现新时代的新精神风貌。例如黄河国家文化公园在整体设计上应强化中华传统美学风格；在文化展示上，突出历史事实、家国情怀；在文化产品上，体现“国潮风”和“正能量”等。黄河国家文化公园要立足于当前社会经济发展现实，尊重空间发展和文化发展的规律，在“守正”中推进高质量发展。

黄河国家文化公园要在创新中推进高质量发展。黄河国家文化公园要借鉴国内外国家公园发展经验，如重视社区参与、游客管理先行、注重公益教育等。另外，黄河国家文化公园还要推进管理体制、法律体系、文化安全体系、文化遗产保护机制、知识产权制度、运行机制、发展模式、技术手段等方面的创新。

在黄河流域生态保护与高质量发展战略指引下，黄河国家文化公园要高质量建设新时期的文化空间，要肩负起新时期的文化使命，提升黄河文明的传播力和影响力。

◎ 延伸阅读

黄河流域是中华文化保护传承弘扬的重要承载区

《黄河流域生态保护和高质量发展规划纲要》提出，黄河流域是中华文化保护传承弘扬的重要承载区。依托黄河流域文化遗产资源富集、传统文化根基深厚的优势，从战略高度保护传承弘扬黄河文化，深入挖掘蕴含其中的哲学思想、人文精神、价值理念、道德规范。通过对黄河文化的创造性转化和创新性发展，充分展现中华优秀传统文化的独特魅力、革命文化的丰富内涵、社会主义先进文化的时代价值，增强黄河流域文化软实力和影响力，建设厚植家国情怀、传承道德观念、各民族同根共有的精神家园。

第一篇 历史文明

11

黄河为什么是中华民族的“根”和“魂”？

2022 年北京冬奥会开幕式上，一滴冰蓝色的水墨从天而降，幻化为黄河水倾泻而下，画面让世界惊叹！其意境来自诗句“黄河之水天上来”，表达着对母亲河的赞美与浪漫想象。黄河是一条孕育伟大文明的河流，是中华文明的重要象征，是中华民族共享的根源性文化符号。

黄河是中华民族的“根”。黄河孕育了 5000 多年从未中断的中华文明，哺育了中华民族大家庭，是中华民族的摇篮。黄河流域凭借肥沃的土壤、便利的水源等优越的自然地理环境，为人类的生存提供了有利的条件。黄河流域农业的起源，奠定了中华民族农耕文明的基础。先民聚居于黄河流域，通过分封和人口迁移与其他民族融合，传播了中华民族的制度、礼仪、习俗、技艺、器物等，扩大了中华文明的影响范围。如今，我们普遍认为中华民族的“根”就在黄河流域，这不仅是祖先之“根”、血统之“根”，还是文化之“根”。从黄帝时期直至北宋，中华文明的经济、政治、文化中心长期在黄河流域。古都中，西安、大同、洛阳、郑州、开封、安阳等都位于黄河流域。这些都充分证明了黄河对中华文明的起源与发展有着巨大的贡献。

黄河是中华民族的“魂”。中华民族的价值观念与黄河文化一脉相承。不论是早期的裴李岗文化、磁山文化，中期的仰韶文化，还是晚期的龙山文化、马家窑文化、齐家文化、大汶口文化，都反映了沿黄地区发达的农耕文明，它们构成了中华文明最初的文化形态。到了春秋战国时期，黄河流域是东方文化最发达的地区之一。该时期沿黄地区思想空前解放，出现了儒家、道家、法家、墨家等学术流派，形成了中华民族独特的哲学思想。中华文明的奠基之作《尚书》《易经》《诗经》《道德经》《论语》等典籍都完成于黄河流域，中国古代造纸术、火药、指南针等发明也诞生于黄河流域。黄河文化符号是中华民族文化符号的核心体现，不论是汉字、河图洛书、二十四节气、“中”理念等代表性文化符号，还是中医药、曲艺、酒、武术等重要文化符号，都凝聚着黄河流域各族人民的智慧和力量。以黄河文化为基础的核心价值观，是我们民族融合和国家统一的灵魂。

习近平总书记指出：“黄河文化是中华文明的重要组成部分，是中华民族的根和魂。”培“根”育“魂”，深入挖掘黄河文化蕴含的时代价值，将黄河文化发扬光大，是中华儿女的共同使命。

12

为什么说人类文明的第一把圣火是从黄河边燃起的？

在漫长的人类文明发展史上，火的使用增强了人们适应自然的能力，是人类进化过程中的一大进步。在远古时期，先祖逐渐掌握了火的使用方法，他们用火来驱赶野兽、烧烤食物、照亮黑暗、驱散严寒。可以说，火是人类赖以生存和发展的一种自然力，也是人类征服自然的武器和手段。火的发现和利用，堪称人类历史上的一项伟大进步。那么，人类到底是从什么时候开始掌握并使用火的呢？

近代以来，中西方考古学者一直坚持不懈地在全球范围内寻觅远古人类的生存进化遗存，并借此发现了多处古人类遗迹。目前，国际学术界公认我国山西省芮城西侯度遗址是早期猿人阶段文化遗存的典型代表之一，这里出土的一批动物烧骨材料是我国最早的人类用火证据，也是世界人类用火的最早记录之一。西侯度遗址位于山西省南部芮城县西北隅的中条山阳坡，在一个叫西侯度村的小山村里。该遗址发现于 1959 年 10 月，是目前中国境内已知的最古老的一处旧石器时代遗址。

1957 年，考古工作者在山西省芮城县风陵渡西北的匼河村一带发现了几处旧石器时代遗址。风陵渡位于芮城县南部，正处于黄河东转的拐角，与河南、陕西为邻，是晋陕豫三省的咽喉要冲，自古以来就是黄河上最大的渡口之一。相传，风陵渡附近是黄帝贤相风后发明了指南车并借此战胜蚩尤的地方。风后殁后，黄帝把他安葬在他曾经战斗过的地方，谓之“风陵”。这虽然只是传说，却有着悠长的历史韵味。随着发掘范围不断扩大，王建、贾兰坡等考古学家来到了距匼河村 3.5 千米的西侯度村，这里是一处高出黄河河面 170 余米的古老阶地，黄河恰好从西边和南边绕过。这里涧沟梁峁，地层发育齐全，露出良好，是观察研究第四纪地质的理想地点。

1961 年至 1962 年，考古工作者在这里进行了发掘，在距地表近 70 米的下部地层中出土了一大批古脊椎动物化石和若干石制品，其中包含具有人工打击切割痕迹的鹿角化石和石块，后来又陆续发掘出动物烧骨化石以及打砸石器等。随着研究的进一步推进，考古工作者根据动物化石群判断其地质时代为早更新世。

这个发现再次震惊了世界，后又经多次考古发掘和反复论证，学界认定这是人类最早用火的遗存，属早更新世，推翻了原“北京猿人是最早的人类”的论断。同时，此次发现也确立了西侯度遗址在国际考古界的地位。西侯度遗址火烧骨的发现，把中国古人类用火的历史推进到了 180 万年前。这一发现在全世界具有重大意义，其他国家还从未发现过如此古老的烧骨。可以说，人类文明的第一把圣火，是从黄河岸边开始燃起的。

13

黄河流域发现的中国最古老的笛子是用什么做的？

“黄河远上白云间，一片孤城万仞山。羌笛何须怨杨柳，春风不度玉门关。”很多人是从这首诗开始接触笛子的。那么，笛子是怎么出现的呢？它的发源地在哪里呢？这就要追溯到河南省舞阳县的贾湖遗址了。

1979 年秋天，河南省舞阳县北舞渡镇贾湖村的小学教师贾建国带领

图 1-1　贾湖遗址

学生到堤外平整土地时，惊奇地发现了散落在地面的石斧、石铲和破碎的陶片等。贾建国猜想这些可能是新石器时期的遗物，于是将它们送交到县博物馆。贾建国当时不会想到，他的这一举动引出了“中国 20 世纪 100 项考古大发现”之一的贾湖遗址。在一座编号为 M282 的墓葬里，人们发现一具保存完好的尸骨及 60 多件随葬品。考古专家猜想，墓主人生前可能是巫师或部落酋长。在墓主人左大腿一侧，摆放着骨笛。

这支骨笛已经在地下沉睡了八九千年，是中国最古老的乐器。经过测音，这支骨笛不仅已经具备音阶结构，还能够演奏传统的五声或一声调式的乐曲。经动物学家鉴定，这支骨笛是用鹤类动物的尺骨制成。鸟类的尺骨薄壁中空，如果截去两端骨关节就是一个理想的发音管，很适合做笛子。

资料证实，贾湖骨笛是中国最古老的乐器，也是世界上出土年代最早、保存最为完整且还能用以演奏的乐器实物，比古埃及出现的笛子要早 2000 年，被称为中国管乐器的鼻祖。考古学家李宏教授经过研究后指出：“它有两个八度的音域，并且音域内半音阶齐全。这意味着贾湖骨笛不仅能够演奏中原传统的五声或七声调式的乐曲，而且能够演奏富含变化音的少数民族或外国的乐曲。”贾湖骨笛已经具备七音阶甚至变化音级，而与之同时期的其他旋律乐器却处于三声以内的音域范围。

贾湖骨笛的出现及应用，在音乐文化史上具有重要意义。黄河流域的先民曾用贾湖骨笛演奏曼妙的笛声，这笛声仿佛穿越了八九千年的历史岁月，彰显着黄河流域劳动人民的创造力。

14

为什么说黄河流域是龙文化的重要起源地?

龙是中华民族的图腾和象征，中华儿女认为自己是人文意义上“龙的传人”。龙和黄河也有着千丝万缕的关系。龙不仅在外形上与黄河形态巧妙相似，还在文化渊源上与黄河文化紧密相关。黄河流域是龙文化的重要起源地，对龙的形象塑造具有重要影响。

作为神话性的动物，龙显然在现实生活当中并不存在。关于龙的原型，研究者们提出了许多假说，如蛇、鳄鱼、蜥蜴、鱼、鲵、马、牛、猪、鹿、熊、虎、蚕、蛴螬、松树、云、闪电等。早期出现的龙的形象，均是现实生活中自然形象神格化的产物。

在中国早期的多处文化遗址中，人们发现有不同形态的龙的形象。如辽宁阜新查海文化、河南濮阳西水坡仰韶文化、内蒙古自治区敖汉旗赵宝沟文化、辽宁建平牛河梁红山文化、内蒙古自治区翁牛特旗三星他拉红山文化、内蒙古自治区敖汉旗大甸子夏家店下层文化、河南偃师二里头文化等。其中，查海文化、仰韶文化中的龙都有“中华第一龙”的美誉。

1987 年，在黄河流域的河南濮阳西水坡，人们发现三组用蚌壳堆塑的龙的图形。据学者的研究，在三组蚌图中有三个龙的形状：第一个是第一组图中墓主东侧侍奉的形象，为在地龙；第二个是第二组图中垫底联合虎、鹿、鸟、蜘蛛等共奉石斧的形象，为人间龙；第三个是第三组图中供人乘坐巡游太空的形象，为飞天龙。这三个形象合成一个整体，完整体现出典籍所载的中华龙能幽能明、能屈能伸、能行能飞、天地人合一的生灵特色。

在第一组图中，蚌塑龙、蚌塑虎和北斗塑图共同构成了一幅天象图。蚌塑龙对应天上的苍龙星座，而苍龙星座的核心星为商星，每年春分时在东方呈现，秋分时隐去。春分和秋分是农耕播种和狩猎的最佳时节，此图证明了以农耕猎殖为特色的中华农牧文明在濮阳所处的中原地区已经成熟。

从中国龙的发展历程来看，蚌塑龙的头部、爪部、尾部以及整体构图，已经具备后来中国传统文化中龙的大部分要素。这是我国考古发现的年代久远、形象逼真、内涵丰富的龙形象，有“中华第一龙”的美誉，而濮阳由此获得了“中华龙乡”的美誉。

15

黄河边的舞蹈纹彩陶盆如何舞出马家窑文化?

大约在公元前 3300 年，中国西北地区出现了以人物舞蹈为主题的多人舞蹈纹图案，它们被绘制在彩陶盆上，其中最具代表性的便是舞蹈纹彩陶盆。它是新石器时代后期马家窑文化的代表，属国家一级文物。

舞蹈纹彩陶盆最早发现于青海省大通县上孙家寨墓地。它形状规整，高14.1厘米，口径28厘米，底径10厘米，呈橙红色，上腹部弧形，下腹内收成小平底，与我们日常生活中使用的陶瓷碗有些相似。它的口沿及外壁都是以简单的黑线条作为装饰，而内壁彩绘由三组舞蹈图案构成，每组形状相同，之间以平行竖线和叶纹作隔。每组均为五人，舞者手拉着手，面均朝向右前方，步调一致，右腿向左前方跨出，如同踩着节拍在翩翩起舞。舞蹈纹彩陶盆的整体画面，寥寥几笔把人物刻画得惟妙惟肖，画面中人物占有突出的地位，且神形兼具，舞姿绰约，有强烈的动态和节律感，具有极高的历史价值和艺术价值，令人百看不厌。

目前发现的舞蹈纹彩陶盆只有5件，分别是日本收藏1件、甘肃会宁头寨乡牛门洞村出土1件、甘肃武威磨嘴子遗址出土1件、青海大通上孙家寨墓地M348出土1件、青海同德宗日墓地M157出土1件。这5件舞蹈纹彩陶盆均产生于马家窑文化马家窑类型期，这一时期是马家窑文化迅速扩展的时期，许多原来从事狩猎经济的人开始走向了农业化的道路，舞蹈纹彩陶盆上的精美图案也证实了这一点，人们的主要食物来源从猎取动物转变为种植粟和黍等谷物，这极大地节约了社会劳动，降低了生活成本。从此，人们可以有更多的时间去完善社会组织和丰富精神生活。

舞蹈纹彩陶盆真实生动地再现了原始先民们群舞的热烈场面，形象地呈现了他们用舞蹈来庆祝丰收、欢庆胜利、祈求上苍或祭祀祖先的场景，反映了当时人们的智慧和生活情趣，这也是舞蹈纹彩陶盆的历史价值所在。彩陶的繁荣与农业化带来的生产力的解放有着密切的关系，舞蹈纹彩陶盆的出现是人类经济条件改善进而促使精神生活走向繁荣的体现。

文化是历史的缩影，也是时代的痕迹。马家窑文化作为黄河上游新石器时代晚期文化，为发展黄河上游地区的社会经济作出了极大的贡献，其绚烂多彩的陶器装饰艺术是中国古代艺术的瑰宝。

16

黄河流域的城子崖遗址为何是龙山文化的最早发现地?

1928 年春天，考古学家吴金鼎到山东调查平陵古城，在龙山镇发现了城子崖遗址。他先后对城子崖遗址和周边地区进行了 4 次调查，在此期间采集到了一种磨光黑陶片，这种陶片是之前从未发现过的，他认为这里是一处重要的新石器文化遗址。此后，考古学家对该地进行了多次调查，挖掘出了大量与此前出土的彩陶截然不同的磨光黑陶。根据这些发现，考古学家把这些以黑陶为主要特征的文化遗存，以其所在地龙山镇命名为龙山文化。

城子崖遗址既是龙山文化的命名地，又是第一次由中国学术机构独立发现和发掘的史前文化遗址，在中国考古学史上具有开创性的意义。城子崖遗址的城墙主要分为龙山文化时期、岳石文化时期和周代三个时期。这里在龙山文化时期采用了城墙与壕沟相连接的防御模式，由于城墙建筑技术的快速发展，在岳石文化时期已经使用束棍夯筑和版筑两项筑城技术了，这使城墙的坚固程度极大增强。

由城子崖遗址揭示出来的龙山文化，对于研究新石器时代文化起到了巨大的推动作用。城子崖遗址还推翻了中国文化西来说，获得“中国考古圣地”的殊荣。

说到黑陶，就不得不提蛋壳黑陶杯。它“黑如漆，亮如镜，薄如纸，硬如瓷，掂之飘忽若无，敲击铮铮有声”，是山东龙山文化特有的标志性陶器，被考古界誉为“四千年前地球文明最精致之制作”。据说，在国外还流传着这样一句话：“摸一摸蛋壳黑陶杯就能长生不老。”蛋壳陶反映了当时高度发展的制陶业水平，标志着我国制陶工艺的极大进步，这不仅是中国制陶史上的巅峰之作，也是世界制陶史上的巅峰之作。

在龙山文化时期，除了制陶工艺突出，玉器制作也达到了很高的水平，对接下来的夏、商玉文化产生了深远的影响。出土的玉器所用玉材多属透闪石类，种类丰富，且大多造型优美、晶莹剔透，雕刻工艺最突出的特点是剔地阳纹，工序十分复杂，展现出了极高的艺术水平。

我国黄河流域存在过许多史前城址，除了城子崖遗址外，还有登封王城岗、淮阳平粮台、临淄田旺和阳谷县景阳冈等，这些史前遗址在我国历史发展的进程中，在多元一体的中国文明起源中都发挥了巨大作用。

17

在何处发现了黄河流域餐桌上的经典食物——面条？

俗话说“民以食为天”，在我们的日常生活中，多种类型的食物满足了我们日常的饮食需求。面食作为最重要的食物类型之一，是黄河流域餐桌上的经典食物。那么，人类最早的面条出自哪里呢？

2002年，考古学家在青海喇家遗址东区F20房址地面上，发现了一个倒扣的齐家文化篮纹红陶碗，在其内发现有残留物，外形与如今的拉面基本相同。为了进一步了解该文物，研究者从碗内厚约6厘米的沉积物中每隔1厘米取样，共提取6个部位的样品。经科学鉴定，该残留物是喇家遗址先民用小米粉压制而成的面条，这是目前所知世界上最早的面条，距今已有 4000 多年，如今已被国家历史博物馆收藏。

那么，喇家遗址又是个什么地方呢？喇家遗址公园位于青海省海东市民和回族土族自治县官亭镇喇家村，是在 20 世纪 70 年代进行农田建设时被发现的。这里是黄河上游地区发掘的新石器时代齐家文化为主的大型聚落遗址，也是迄今为止发现的我国唯一一处大型灾难遗址，保留有史前地震和黄河大洪水或泥石流等多重灾难遗迹。

在进行考古挖掘时，人们还发现了聚落居址、陶窑、环形壕沟、祭坛广场等主要遗迹。其中，宽大壕沟、小广场及广场上的礼仪建筑、祭坛和高规格墓葬，都反映了喇家遗址的特殊地位，凸显了喇家遗址和齐家文化的重要性。此外，陶窑的发现为研究喇家遗址的陶器烧造工艺提供了重要线索，大量的石器、陶器、玉器和其他各类文物的出土也使得那个刀耕火种的时代得以复原。

最令人震撼的是发掘出众多因地震、洪水瞬间死亡的人的尸骨。至 2017 年，喇家遗址经考古发掘出有死亡人骨的房屋遗址 7 座，共清理出 31 具尸骨。这些尸骨姿态被定格在灾难降临的瞬间，直观呈现了远古先民的挣扎惨状，令人触目惊心！其中，有怀抱婴儿、屈膝跪地的妇女，有双手上举、支撑屋顶的男性，有身怀六甲的孕妇，还有口叼水杯的孩童。一幅幅灾难场景，闪耀着不屈的人性光辉！

面对 4000 年前遭遇不测的祖先，每个人都会为之震撼和感动，但喇家遗址齐家文化因何覆灭历来众说纷纭，根据遗留的砂土层结构，有学者认为是地震导致，也有学者认为是黄河上游发生洪水所致。诸多学者有不同见解，提出山洪说、泥石流说、堰塞湖说等，但灾难之谜仍未解开。

喇家遗址一系列遗存为学术界研究齐家文化的宗教、礼仪、经济结构、社会组织等提供了丰富资料。2001 年，喇家遗址被列为第五批全国重点文物保护单位。2021 年，喇家遗址入选全国“百年百大考古发现”。

18

为什么在黄河流域寻觅黄帝的文化印记?

炎黄二帝出自同一个部落，后来成了两个敌对部落的首领，在中原为争夺部落联盟首领而爆发了阪泉之战，在黄帝打败炎帝后，两个部落逐渐融合。黄帝是中国文化、技术的始祖，传说黄帝及其臣子、后代创造了上古大量的重要发明。

那么，我们要在何处寻觅黄帝的遗迹呢？从相关历史记载来看，黄帝的出生地、活动地、建都地、归葬地等主要在黄河中下游地区。可以说，黄河流域是黄帝文化的滥觞。关于黄帝的出生地，史学界众说纷纭，尚未形成一致的观点，主要有河南新郑说、甘肃清水说、山东曲阜说、陕西北部说等说法。关于黄帝归葬何处，史学界依然莫衷一是，主要有陕西说、山西说、甘肃说、河南说、北京说、河北说等。在黄河流域，跟黄帝有关的历史传说、遗址遗迹分布广泛，这从一个侧面反映了人们对黄帝的文化认同。

河南郑州是传承和弘扬黄帝文化的重要区域。郑州新郑以“黄帝故里”为傲，是海内外中华儿女寻根拜祖的圣地。黄帝故里祠始建于汉代，后曾经毁建，明清修葺，于祠前建轩辕桥。清朝康熙五十四年（1715），新郑县令徐朝柱立有“轩辕故里”碑。为弘扬黄帝文化，新郑建设了黄帝故里景区，分为广场区、故里祠区、鼎坛区、艺术苑区、轩辕丘区 5 个区域，整体布局突出“中华之根”主题。2008 年，经国务院批准，“盛世礼炮、敬献花篮、净手上香、行施拜礼、恭读拜文、高唱颂歌、乐舞敬拜、祈福中华、天地人和”9 项大典仪程规制，被列入国家级非物质文化遗产。通过庄重肃穆的仪式，拜祖大典把相关理念根植于中华儿女心中，加强了民族认同感和归属感。

为了更好地展示黄帝文化，新郑还建设了“黄帝千古情”景区。景区内有 56 米高的黄帝塑像，还有“黄帝千古情”表演。表演立足于新郑厚重的黄河文化和中华儿女的民族情结，将科技的幻影秀与真实的传统表演相结合，以生动的形式展现黄帝文化。

在郑州市西北部的向阳山上，巍然屹立着炎黄二帝塑像。该塑像高 106 米，由两部分组成。上部头胸部分的外壳面用条石雕砌，下部则以山体为像身。塑像以山为体，山人合一，浑然天成，气势磅礴。从塑像向黄河延伸，建有炎黄二帝广场。广场按地形分为三级：一级广场中间有高 6 米的炎黄鼎；二级广场两边对称放置钟与鼓，与炎黄鼎合成九鼎之数；三级广场设有一纪念坛，坛道两侧分置铸铜八鼎。广场九鼎象征祖国江山永固，繁荣昌盛，永远鼎立于世界民族之林，九州中华儿女共念先祖。设钟与鼓，喻钟鼓长鸣，中华儿女戒骄戒躁，自强不息。

图 1-2 “黄帝千古情”景区

根据历史传说，黄帝制衣冠、建舟车、协音律、创医学……中华文明自黄帝始。黄帝文化印记遍布各地，各处的黄帝纪念地是中华儿女共有的精神家园，维系着中华儿女深挚的民族情感。

19

为什么说4000年陕西看石峁？

“3000年中国看西安，4000年陕西看石峁。”4000年前，陕西的政治、文化和经济中心是在陕北，也就是现在的石峁遗址所在地。当初发现石峁遗址是因为这里不断出土古玉器，可惜现在大部分玉器流落到了海外。以前，人们一直以为这里是明长城的残破遗存。但是，对石头城墙中的建筑木料进行碳14检测获知，这是一座距今4000年左右的古代王城。这座“石筑城”面积400多万平方米，比已知的陶寺遗址（280万平方米）、良渚古城遗址（290多万平方米）要大得多，它也由此获得“中国最大的史前城址”的美称。

石峁遗址分为外城和内城两个部分，外城包括墓葬、耕地和防御工事，内城主要有宫殿、房屋、手工业作坊等建筑。值得注意的是，石峁遗址内城中还有一处高台，被当地居民称为“皇城台”。它处于内城的中心位置，且比周围其他建筑高出3—5米，应是石峁人刻意建造的。在高台的西北侧，人们发现了阶梯状遗址，还发现了大量的陶器和玉器，如陶罐、陶壶、陶盆、玉环、玉盘等。专家们表示，这些陶器和玉器或许是当时石峁人祭祀用的器具，因此“皇城台”也就很有可能是当时的祭祀场所。

石峁遗址出土了一大批玉器，而当地并没有找到玉料矿藏资源。相关研究表明，距今 4000 年左右，在龙山文化中晚期和齐家文化时期，中原地区频繁输入了西北地区的和田玉和祁连玉，“西玉东输”的供应模式中，河套地区的石峁王国应该起到了重要的中转作用。而大量不是产于本地的玉石和羊骨等考古发现表明，石峁已是当时草原丝绸之路上的重要节点。

此外，石峁遗址还发现了几块制作青铜器用的石制模具，这说明距今 4000 多年前的石峁人已经掌握了先进的青铜冶炼技术。石峁遗址的瓮城、马面、角台等城防设施，反映了中国早期国家形成阶段北方地区政治格局的复杂化及武力战争的频繁，这些设施是东亚地区土石结构城防设施的最早实物资料。

以黄河为纽带形成的大河文化，在漫长的碰撞、裂变、融合中，产生了以石峁、陶寺等文化为代表的早期国家文明，推动了中华民族最早共同体的诞生和最初中国的演进历程，奠定了中国社会绵延不断、多元一体的历史发展格局。

20

黄河边的大河村彩陶文化如何独领风骚?

在很多人的印象里，原始村落的居民大多是野蛮的，但专家经过考古发掘否定了这一观点。例如在河南省郑州市的大河村遗址，专家们不仅发

图 1-3　大河村遗址博物馆彩陶双连壶展品

现了工艺精湛的房屋，还挖掘出了造型精美、色彩华丽的陶器，而这些陶器的形状、彩绘等多个方面都证明原始村落的居民是文明的。

早在 20 世纪 70 年代，考古学家就发现了大河村遗址。这是包含仰韶、龙山、二里头和商代时期文化的大型古代聚落遗址，是第五批全国重点文物保护单位之一。遗址面积高达 40 万平方米，房屋、窑穴、墓葬众多，出土了陶、石、骨、蚌、角、玉质地的珍贵文物 3600 多件。

大河村遗址中出土的彩陶数量极多，色彩绚丽，图案丰富，仰韶文化的特点鲜明。大河村遗址出土的彩陶双连壶，是河南省博物馆的“镇馆之宝”之一。壶高 20 厘米，红陶泥质，壶身外侧绘制了平行线条图案，壶两侧各有一耳，并利用连通器原理将造型一致的两个壶体连接在一起，构思新颖，风格独特，对于研究原始村落的社会生活习俗和制陶艺术具有重要实物价值。同时，大河村遗址出土的白衣彩陶钵、泥质灰陶红彩罐、彩陶筒形罐等多种陶器上，均展示出丰富多彩的图案类型和高超娴熟的绘画手法，这标志着史前彩陶文化已经达到了空前绝后的高峰。

专家在修复白衣彩陶钵时，在两片陶瓷碎片上发现了直径约 2 毫米的小孔，推测这是古人在这件珍贵的彩陶盆出现裂缝以后，采用“锔”的技术将其固定而出现的锔痕，这说明在仰韶文化时期先民们就已经掌握了“锔”这一技术。

此外，在大河村遗址出土的陶瓷片上还发现了太阳纹、月亮纹、日晕纹、星座纹等多种图案。大河村先民们在生产和生活实践中，观察认识和总结一些自然现象和变化规律，并用生动形象的花纹图案绘在一些陶器上，这是我国发现最早的天文学资料。它比我国殷商时代甲骨文中有关天文的记载还早了2000年左右，对于研究我国古代天文学和历法具有十分重要的科学价值。

如今，郑州市大河村考古遗址公园正在以“星空下的村落”为主题，以博物馆陈列、遗址本体、考古发掘现场展示及场景复原为载体，利用多种科学及多媒体技术，打造集遗址保护、科学研究、科普教育、城市休闲、观光旅游等为一体的、在中国较具影响力和示范意义的史前文化展示区，成为黄河文化对外宣传、展示和交流的重要窗口。

21

黄河边的陶寺遗址就是尧都吗？

尧是传说中黄河流域陶唐氏族部落的首领。据《史记·五帝本纪》记载，在尧的统治下，“九族既睦，便章百姓。百姓昭明，合和万国。”那么，尧的统治中心在哪里呢？

在山西汾河岸边的临汾盆地上，有一个位于襄汾县陶寺乡的陶寺村。20世纪50年代，在陶寺村的考古调查中，人们发现了大量散落地面的灰陶片，据此判断这里可能存在一种新石器时代文化类型。1978年，考古工作人员开始在这里进行挖掘。随着考古工作取得进展，陶寺遗址出现在世人面前。

1984 年，人们在陶寺遗址发现了一片扁壶残片，上面刻有两个字，一个是“文”字，另一个专家给出了“尧”“易”“命”等多种解释。它们与殷墟甲骨文一脉相传，但比甲骨文早七八百年。文字是人类发展到一定阶段的产物，它们的发现对研究中国文字的起源具有重要价值。

经过考古工作者 40 多年的不懈努力，陶寺遗址发现了面积广阔的大型城址、宫殿建造遗址区、祭祀遗址、“观天授时”遗址、大型仓储遗址区、手工业作坊区、大型墓地及其中分等级地写有朱书文字的陶器、彩绘龙纹陶盘、青铜器等。遗址还出土了大量的玉石礼器和装饰品，包括磬、钺、瑗、环、梳以及用绿松石、蚌片镶嵌的头饰、项饰、臂饰等。而石磐和鼍鼓是已发现的古代同类乐器中最早的珍品。

陶寺遗址以“八大最”发现闻名中外，即发现了最早的测日影天文观测系统、到遗址发掘为止最早的文字、最早的金属乐器、中原地区最早的龙图腾、到遗址发掘为止世界上最早的建筑材料——板瓦、黄河中游史前最大的墓葬、史前中亚最大的城址以及世界上最古老的观象台。

陶寺遗址中的王墓、宫城等体现了王权社会，各类礼乐器则反映了礼制文明，与夏商周三代文明以及逐渐形成的中华文明有着明显的传承关系。陶寺遗址是实证 5000 多年中华文明历程的重要支点和基石。有学者指出，没有哪一个遗址能像陶寺遗址这样，全面拥有文明起源形成的要素和标志。陶寺遗址是一个初期国家权力中心形成的标志，而这座“都城”最有可能就是传说中的尧都。

◎ 延伸阅读

中华文明探源工程

中华文明探源工程全称为中华文明起源和早期发展综合研究，是由国家支持的多学科结合研究中国古代历史与文化的重大科研项目。迄今为止，中华文明探源工程分为预备性研究（2001—2003 年）、第一阶段（2004—2005 年）、第二阶段（2006—2008 年）、第三阶段（2009—2012 年）、第四阶段（2013—2018 年）和第五阶段（2020—2024 年）。中华文明探源工程以辩证唯物主义和历史唯物主义为指导，经过 20 多个学科的 400 多位学者共同努力，取得了显著成果：对中华文明起源、形成、发展的历史脉络，对中华文明多元一体格局的形成和发展过程，对中华文明的特点及其形成原因等，有了较为清晰的认识。中华文明探源工程以坚实的考古材料和综合研究成果证明，中华民族 5000 多年文明史是真实可信的历史。

22

黄河边的二里头真的是夏都吗？

二里头，是一个地处中原洛阳平原的普通村庄的名字，但它的背后却隐藏着 3000 多年前中华民族的一段辉煌历史。这段历史被人遗忘许久，直至几十年前才被考古工作者发现。从此，二里头跻身于中华文明史乃至世界文明史的殿堂。

1959 年，史学家徐旭生在进行“夏墟”调查时，在二里头村发现了一处大型遗址，并在这里首次发现了一座始建于二里头文化晚期偏晚阶段（第四期）的大型建筑。它的始建年份正处于夏商王朝更替的关键期，这不禁引发了有关“它到底是夏人所建还是商人所建”的思考。

一般认为，二里头遗址属于夏文化遗址。首先，考古学家通过考古地层学、类型学以及碳14年代测定法等方法，判定二里头处在龙山文化和商朝文化之间，大约处于距今3500年到3800年之间，这与史书中有关夏朝中晚期的记载相符合。其次，二里头遗址处于河南省西部，这也符合史书中记载的夏朝主要活动范围。此外，在二里头遗址中，考古人员还发现了中国最早的城市主干道网，大路最宽处为20米左右，相当于现代的四车道公路。二里头文化以其高度辉煌的王朝气象、高度发达的控制网络和统治文明，成为距今3500年至3800年前后东亚地区最早的核心文化、广域王权国家，并率先进入王朝文明阶段。因此，通过多方面的研究和测度，二里头文化主体属于夏文化已经被大多数人接受。

专家研究显示，二里头是东亚大陆最早的广域王权国家。二里头遗址所处节点，将东亚大陆从没有中心、没有核心文化过渡到了一个高度发达的核心文化。它拥有目前所知中国最早的宫殿建筑群、最早的青铜礼器群及青铜冶铸作坊，是迄今为止可确认的我国最早的王国都城遗址，这对于全面认识作为都城的二里头遗址的性质、追寻中国早期城市及国家形态的源流都具有极为重要的学术意义。二里头遗址在黄河流域以及中国文明史上都具有重要的地位和意义。

23

在殷墟如何解读3000年前的文字密码?

殷墟，位于安阳西北郊，横跨洹河南北两岸，是一处规模巨大的商代文化遗址，距今已有3300年的历史。自公元前1300年盘庚迁都于殷，在长达255年间，这里一直是商代晚期的政治、科技、文化中心。商灭之后，这里沦为废墟，称殷墟。殷墟是一片充满神秘色彩、思古幽情的土地，它让一个古老的朝代从传说中走出。作为商王朝都邑的殷墟，展现了包括文字系统在内的顶峰时期的中国古代青铜文化，为世界增添了一道绚丽的文化景观。

相传，在殷墟还是一片农田的时候，周围村民就经常从地里挖出一些骨片，但当时的村民不知这为何物，于是随手扔掉或填塞枯井。后来，一位剃头匠发现这种骨片能够止血，大家才知道这是一种中药材，被称为“龙骨”，此后村民们便纷纷挖骨卖药。由于挖龙骨的人增多，大多数药店只收购不带字的龙骨，于是有村民把骨片上的字刮掉后再出售。直至光绪二十五年（1899），甲骨文才被金石学家王懿荣发现，并被确定为我国最早的文字，王懿荣也因此被称为“中国甲骨文之父”。

甲骨文反映了3000多年前商朝的政治、经济、军事、文化和科学，内容涉及祭祀、征服、天文、历法、气象、方国、农业、狩猎、疾病和生育。在四种古老的文字中，甲骨文是唯一传承至今的文字。甲骨文从出现到发展为后来的汉字，对中国文化的传播、中国统一国家的建立和巩固起到了重要作用，也是研究古老而辉煌的中华文明的独特而真实的第一手历史资料。

此外，在殷墟还发现了妇好墓。妇好为武丁配偶，是中国历史上有据可查的第一位女性政治家、军事家、巾帼英雄，曾率兵征夷方、讨土方、伐西羌。1976 年发掘的妇好墓，是殷墟中唯一保存完整的商代王室墓葬，也是目前唯一能与甲骨文相印证而确定年代与墓主的商王室墓葬。在妇好墓还出土了青铜器、玉器、石器、骨器、象牙器、陶器、蚌器等各类随葬品 1928 件，贝 6000 多枚。其中，铜铙、铜镜、玉雕人像、玉雕动物、象牙杯等都是极为珍贵的文物，在中国考古史、殷商史领域具有里程碑意义。

洹水安阳名不虚，三千年前是帝都。中原文化殷创始，观此胜于读古书。殷墟甲骨文的发现，为人们了解和研究殷商王朝的政治、经济、历史、文化打开了一扇窗户。为了让人们更好地感受中华民族的灿烂文明，我国唯一一座以文字为主题的国家级博物馆——中国文字博物馆，于 2022 年 11 月在河南安阳正式开放。在文字的展览中，我们能够目睹历史的变迁、朝代的兴衰，感受中华文明从历史中穿云走来，从遥远走向未来。

24

晋侯鸟尊怎样见证了黄河流域晋国的兴衰？

晋国作为从汾河之东发展起来的国家，先后兼并了数十个诸侯国，一跃成为黄河中游的中原大国。直到春秋晚期三家分晋建立韩、赵、魏三国之前，晋国都是周代最强大的诸侯国之一。晋文化遗址中出土了大量带有历年晋侯年号的青铜器，它们大多在中原风格的基础上吸收活泼自然的北方草原文化因素，将浑厚肃穆与灵巧精致巧妙结合起来，形成了一种独特的艺术文化。鸟尊无疑是其中的佼佼者，它是权力的最直接证据，它代表着晋侯贵族高贵的周天子血脉。

春秋三千载，晋国六百年。在 3000 年的历史长河中，晋侯鸟尊见证了三晋大地的兴衰。当你看到晋侯鸟尊，或许有这样的疑惑：它的尾巴为什么是象鼻？它出土的地方在哪？它的主人是谁？晋侯鸟尊出土于山西省曲沃县北赵村晋侯墓地，高 39 厘米，长 30.5 厘米，宽 17.5 厘米，是西周中期的一件用来装酒的祭祀礼器。晋侯鸟尊不仅具有独特的、富有想象力和创造力的艺术形式，还具有独特的文化意义、重要的历史和考古研究价值，现藏山西省博物馆，被誉为“镇馆之宝”，是中国禁止出境展览的文化珍品之一。

相传周武王伐纣时，有一只金凤凰在岐山上唱歌，人们认为这是周武王的文才武德招来的祥兆，于是加深了对凤鸟的图腾崇拜之情。而晋侯鸟尊看起来就如同一只昂首挺立的凤鸟，全身都有羽纹、云纹、雷纹、羽翎纹等各种精致的花纹。它的背上默默地依附着一只小雏鸟，为鸟尊器盖上的捉手，鸟尊在凤尾位置下设一象首，象鼻内卷上扬，与凤鸟的双腿一起形成了一个强有力的三点支撑。鸟尊器盖内铸有一句铭文：晋侯作（乍）向太室宝尊彝。据《周礼》记载，古代祭祀礼器中有“六尊六彝”，鸟尊是其中的一种，而铸于鸟尊上的铭文象征着鸟尊的非凡地位。

据考证，鸟尊铭文中的“晋侯”是第一代晋侯燮父。也就是说，在 3000 年以前，晋侯鸟尊立于晋国的庙堂之上，注视着晋国君臣祭祀。燮父去世后，鸟尊作为随葬品陪伴燮父长眠地下。晋侯鸟尊讴歌了晋国充满生机的时代气息，它不仅是青铜艺术的杰作，还是见证黄河流域大国兴衰的国之瑰宝。

25

黄河见证了嵩岳的哪些建筑?

在岁月的长河里，嵩山为中华文明生生不息提供着丰厚滋养。2010年，登封8处11项历史建筑组成的“天地之中”历史建筑群，被第34届联合国教科文组织世界遗产委员会大会收入《世界遗产名录》，正式成为世界文化遗产。很多人对此有疑问：为什么嵩山历史古建筑群要以“天地之中”来命名呢？这就要从嵩山的地理位置说起。

嵩山地处华中平原的西边缘，它像一个半岛一样深入东部平原之中，南北都有河流，这样一个有山、有水且紧靠平原的地方最容易躲避洪水，非常适合人类居住。嵩山形成的年代久远，神奇的地理位置和特殊的气候条件，造就了嵩山独特的自然环境，也奠定了中华文明的重要基础。此外，夏、商、周三代都建都于环嵩山地区，形成了当时的政治、经济、文化中心，这为嵩山成为中华民族文化的摇篮起到了极为重要的作用。

“天地之中”历史建筑群的8处11项历史建筑分别是：太室阙和中岳庙、少室阙、启母阙、嵩岳寺塔、观星台、会善寺、嵩阳书院、少林寺建筑群（含常住院、初祖庵、塔林）。其中，少林寺建筑群（含常住院、初祖庵、塔林）见证了中国最大的禅宗教派的形成和佛教文化的传播；嵩岳寺塔是中国现存最古老的砖塔、中国唯一的一座十二边形塔、世界上最早的筒体结构建筑，在建筑史上具有重要的地位；观星台是中国现存最早的天文观测建筑，元代郭守敬以此为中心点观测并推算出了当时世界上最先进的历法——《授时历》，其精确度与现行公历仅相差26秒，创制时间却早了300多年。

这些优秀的历史建筑，历经汉、魏、唐、宋、元、明、清，绵延不绝。“天地之中”历史建筑群构成了一部中国中原地区上下 2000 年形象直观的建筑史，是中国时代跨度最长、建筑种类最多、文化内涵最丰富的古代建筑群之一，也是中国先民独特宇宙观和审美观的真实体现。

26

鲁国大玉璧出自何处?

走进山东博物馆，站在大厅抬头望去，会发现一个直径 20 米的墨绿色中空圆形装饰镶嵌在中央穹顶上，该造型就是根据山东博物馆“镇馆之宝”鲁国大玉璧仿制的。

鲁国大玉璧，1977 年出土于山东曲阜鲁国故城乙组 52 号墓，是战国时期的随葬用礼玉。在古人的观念中，天圆地方，璧圆像天，因而玉璧就成了古代统治者祭天的礼器。鲁国大玉璧呈碧绿色，扁平体，正圆形，外径 32.8 厘米、孔径 11.6 厘米、厚 0.6—0.7 厘米，为国内发现的战国玉璧中形制最大的一件。纹饰繁缛精美，内外缘各有一周廓，璧面纹饰分为内、中、外三层。内层为合首双身龙纹，中层刻浅浮雕谷纹，外层为五组合首双身龙纹。这是战国玉璧中的精品。

曲阜鲁国故城遗址是鲁国大玉璧的出土地，位于山东省曲阜市内及其外围地区。鲁国故城是周代、汉代鲁国的都城，是周王朝各诸侯国中延续时间最长的都城，从西周初伯禽就封，到战国末亡于楚，延续了800年左右，是当时中国东部地区的一大重镇。鲁国以汶河流域和泗河的中上游地区为领域的中心，境内良田密布，河湖交错，是一个宜于农桑的地区。都城曲阜位于鲁国的中南部，洙河、沂河流经城的西北、南面，环境舒适，适合人类生存。

在 20 世纪 40 年代初，有日本学者曾对曲阜鲁国故城遗址进行调查发掘，此后陆续有零星的周代文物在此出土。1977—1978 年，山东博物馆对其进行了较为全面的勘探考察与试掘工作，揭示了故城的概貌。故城周长 11.9 千米，城垣东西长 3.7 千米，南北宽 2.7 千米，城的周围有城壕；东、西、北三面各辟城门 3 座，南面辟城门 2 座，门道宽 7—15 米。曲阜鲁国故城遗址发现的周代重要遗迹众多，如冶炼遗迹、陶窑、灰坑、大型建筑遗迹等。其中，大型建筑遗迹有 2 处，均有上下层，下层属东周时期，上层属两汉时期。这为考察鲁国故城的年代、经济、文化状况提供了线索，对研究我国古代历史具有重要意义。1961 年，曲阜鲁国故城遗址作为周代到汉代的古遗址，被国务院列入第一批全国重点文物保护单位。2013 年，曲阜鲁国故城遗址被正式确立为第二批国家考古遗址公园。

曲阜鲁国故城遗址是黄河流域的一处重要遗址，而曲阜鲁国故城考古遗址公园是黄河国家文化公园的重要组成部分，在这里可以深入了解浓厚的历史文化，切实感受黄河文化的魅力。

27

秦兵马俑如何守护秦始皇陵?

“千人千面，没有一张重复的面孔”，这句话用来形容兵马俑再合适不过了。兵马俑现在虽已没有了华丽的外表，但是它们的神情各具特色，将先人的技艺展现得淋漓尽致。那么，极具艺术性的兵马俑如何守护秦始皇陵呢?

秦始皇陵及兵马俑坑位于陕西省西安市临潼区骊山北麓，是“世界第八大奇迹”，整个陵区总面积约为 56 平方千米。而秦始皇的棺椁就埋藏在陵园封土之下，现存墓封土高约 40 米。陵园布局仿秦都咸阳，分内外两城，内城周长约 2.5 千米，外城周长约 6.3 千米。兵马俑坑位于秦始皇陵东侧 1.5 千米处，为秦陵的大型陪葬坑，发现后轰动全球。1987 年，秦始皇陵及兵马俑坑被列入《世界遗产名录》，为世界十大古墓稀世珍宝之一，在世界上享有盛誉。

秦兵马俑规模宏伟，是秦国军队的缩影，是秦始皇陵的守卫军。从已出土的 8000 余尊兵马俑可以发现，兵马俑不仅手持兵器，如弩、戈、矛、戟等，其布局还呈现出作战阵法。相关研究显示，秦俑一号坑分为 11 个过洞，过洞内几千件兵马俑组成军阵，俑坑中有 38 路纵队，步兵、车兵有序排列，组织严密，体现着古代兵书所记载的“前后整齐，四方为绳”的排布格局。

秦兵马俑阵容强大，分为步兵、弩兵、车兵、骑兵 4 个兵种。各兵种既各自独立，又相互配合，组成了不同的战斗方阵。陶俑分不同的种类，形态各异，有将军俑、铠甲俑、跪射俑、骑兵俑、武士俑、驾车俑等。兵

图 1-4　秦兵马俑

俑的脸型、发型、体态、身高各有差异，说明秦兵来自不同的地区和民族，是一支由不同民族组成的军队。陶俑的装束也有差别，将领与将领之间、将领与士兵之间，因级别不同装束也不尽相同，形象再现了当年秦军军容整肃、等级分明的风貌。

为了让兵马俑更好地守卫秦始皇陵，古人利用土隔墙较好地保存了兵马俑。土隔墙的保护原理很简单，即在土隔墙上方搭板、填土，形成类似小屋的形状，给兵马俑增加一层保护伞。土隔墙的存在减少了兵马俑受到的地面威胁，即使地震来袭，兵马俑受到的冲击也会比较小。

秦始皇陵作为一座极具影响力的帝王陵，拥有庞大的守护者——兵马俑，它们承载着深厚的历史文化，是中华文明中的璀璨之星。

28

古丝绸之路的起点在黄河流域吗?

“长安大道连狭斜，青牛白马七香车。”这是卢照邻眼中长安古城的夜晚，车水马龙，热闹非凡。黄河边的汉长安城是一座曾被当作国都沿用了数百年的城池，是汉武帝挥斥方遒的指挥中枢，也是张骞打通丝绸之路的起点。

汉朝建立后，经过文景之治，到了汉武帝时期，政治稳定，经济繁荣，国力强盛。然而，北方的匈奴不断侵扰汉朝边境，并对都城长安构成威胁。于是，汉武帝两次派遣张骞出使西域，意欲联合大月氏和乌孙夹击匈奴。第一次是在公元前 138 年，出使的目的地是大月氏；第二次是在公元前 119 年，出使的目的地是乌孙。张骞两次出使西域，行程数万里，足迹遍及 10 多个政权和国家。

张骞出使西域，开辟了一条重要的经济文化交流通道：以西安为起点，经宝鸡、天水，通过河西走廊，出玉门关、阳关进入新疆，沿着塔克拉玛干沙漠的北缘和南缘，分两路会合于新疆喀什，然后翻越帕米尔高原，进入中亚、西亚，直达地中海沿岸。此后，大量中西方的使节、商人、僧侣、旅行家、探险家越来越频繁地出现在张骞所开辟的丝绸之路上，把中国文明、古印度文明等联系在一起。

自从张骞开通丝绸之路以后，长安便被公认为是丝绸之路的起点。各地的丝绸和其他商品都要先在长安集中，各国商人再从长安出发，跨越黄河天险，经甘肃、新疆，把商品运往中亚、西亚，乃至地中海沿岸的非洲等地。丝绸之路开辟以后，中国的丝绸、瓷器、漆器、铁器等产品，造纸术、印刷术、指南针、火药等科学技术，以及饮食、服饰、建筑、文学等生活艺术，源源不断地输入世界各地，对推动世界文明进步发挥了巨大的作用。反过来，海外的蔬菜、水果、音乐、舞蹈、游戏、宗教以及科技成果等又通过丝绸之路进入中国，对中国人的日常生活、思想信仰乃至整个中华文明产生了深远影响。

如今，汉长安城成为现代都市一角的遗迹。1961 年，汉长安城遗址被国务院列为第一批全国重点文物保护单位。此后，汉长安城南部的 4 座城门，即西安门、霸城门、直城门和宣平门，在考古勘测中逐渐确定了位置。目前，汉长安城城墙和一些大型夯土遗迹依然清晰可见。根据考古专家探测，城内仅未央宫的面积就是故宫的 6 倍，当年宫内亭台楼榭、山水沧池，壮观无比。未央宫前殿至今残存的夯土台基最高处达 15 米，南北长约 350 米，东西宽约 200 米，是汉长安城的最高点。

在汉长安城这片土地上，历史留下了古老的痕迹，岁月增添了浓重的色彩。作为黄河上的古都、丝路上的古城，汉长安城见证了昔日的古都繁华和丝路盛景。

◎ **延伸阅读**

丝绸之路上的古城

陆上丝绸之路古城：西安、宝鸡、天水、兰州、西宁、武威、张掖、酒泉、敦煌、哈密、吐鲁番、乌鲁木齐、伊宁、和田、喀什等。

海上丝绸之路古城：北海、湛江、广州、漳州、泉州、福州、温州、宁波、杭州、上海、南京、扬州、连云港、青岛、烟台等。

29

铜奔马为何能够成为中国旅游标志?

“看！这匹铜制的骏马，膘肥身健，体形匀称，鬃毛整齐，四蹄坚韧有力。”这是《马踏飞燕》一文对铜奔马的描写。铜奔马又称“奔腾马”“马超龙雀”“马踏飞燕”“马袭乌鸦”等。20 世纪 60 年代，铜奔马出土于甘肃省武威市雷台汉墓，是甘肃省博物馆的“镇馆之宝”。

这匹踏燕而飞的天马，大多数人看到它第一眼时，就会被其折服。天马由青铜铸成，通高 34.5 厘米，长 45 厘米，造型奇特，三足腾空，头微左顾，昂首嘶鸣，长尾飘舞，如从 2000 多年历史的硝烟中奔驰而来，将动与静完美结合，表现了中国古代艺术匠师丰富的想象力和高超的铸造工艺，是我国古代雕塑艺术的稀世珍宝。铜奔马在国际上也极具影响力。英国人彼得·霍普科克在《丝绸之路上的外国魔鬼》一书中对铜奔马的评价非常高。

1983 年 12 月 5 日，《人民日报》发表了《“马超龙雀”被定为我国旅游图形标志》一文，从此，铜奔马（即“马超龙雀”）被确定为中国旅游图形标志，“马超龙雀”的名字也开始被广泛使用。铜奔马成为中国旅游图形标志，有两方面原因。其一，铜奔马在美国展出时，从数以千计的珍贵文物中脱颖而出，成为文物展宣传的标志图形，具有极高的知名度。其二，马是古代旅行的重要交通工具。天马行空，无所羁缚，象征着前程似锦的中国旅游业；青铜制品，象征着中国数千年光辉灿烂的历史文化。它们合体吸引着全世界的旅游者。

铜奔马不仅是古代匠人的杰出之作，也是黄河流域极高铸造工艺的典范。铜奔马被国家文物局专家组鉴定为国宝级文物，被列入首批禁止出国展览的珍贵文物名单，成为中国众多文物的代表，也成为古老中华文明的一种象征。近年来，甘肃省博物馆推出以铜奔马为主题的系列文创产品，让文物走进生活，受到了人们的喜爱。

◎ 延伸阅读

“马踏飞燕”玩偶：从文物到文创的“变形”

从文物图像的角度看，从文物到文创产品的创意转化至少有四种形式：一是文物原图像的整体复制，二是文物原图像的部分截取，三是文物图像的变形处理，四是文物图像元素的重组。从第一种形式到第四种形式，图像变化程度或者说创意转化程度会逐渐加深。显然，甘肃省博物馆推出的“马踏飞燕”文创玩偶采用了第三种形式，对文物图像进行了变形处理。巧妙变形是文物文创产品开发值得关注的重点。变形既可以是回归文物历史语境的传统表达，也可以是突破文物历史语境的时尚表达。

30

王之涣在黄河哪里看到“白日依山尽”的美景？

“白日依山尽，黄河入海流”是王之涣《登鹳雀楼》中的著名诗句。王之涣是盛唐时期的诗人，以擅于描写边塞风光著称。王之涣在开元初年曾做过冀州衡水县主簿，因不愿为官职折腰和遭遇诬陷，辞官而去，过着四处漂泊的生活。他在黄河南北漫游之际，登上鹳雀楼，看到夕阳依傍着山峦慢慢沉落，滔滔黄河朝着大海汹涌奔流，不禁写下了这首《登鹳雀楼》。这首诗让鹳雀楼声名远扬，被世人知晓。

鹳雀楼与长江流域的黄鹤楼、岳阳楼、滕王阁齐名，它们被称为“中国古代四大名楼”。该楼位于山西省永济市蒲州城郊黄河岸，始建于北周，历唐经宋，因其前瞻中条，下瞰大河，历代文人骚客多流连于此，登高望远。元朝初年，鹳雀楼不幸毁于战火，楼毁景失，仅留下一片沧桑的痕迹。明朝初年，鹳雀楼旧址又因黄河泛滥而被淹没，这座在中华民族历史文化上占有重要地位的伟大建筑就此消失了。1997 年 12 月，鹳雀楼开始重建。2002 年 10 月，复建的鹳雀楼盛装面世。复建的鹳雀楼为高台式十字歇山顶楼阁，外观 3 层 4 檐，整座楼阁分为台基和楼身两部分，总高度达 73.9 米，是全国仅有的一座楼体通身采用唐代油漆彩画装饰的建筑。鹳雀楼的复建使这座承载着中华民族历史的千年名楼重现于黄河之滨，弥补了四大名楼缺一的遗憾，再现了黄河文化的风采，被誉为“天下黄河第一楼”。

鹳雀楼之所以被称为“天下黄河第一楼”，得益于其独特的地理位置。鹳雀楼一边毗邻黄河，一边面对群山，坐拥山川之利，是观赏三晋美景与黄河盛况的最佳观景地。如今，鹳雀楼整体风格以唐风宋韵为主，历史气息浓厚。人们登上鹳雀楼，闭目回望，仿佛依稀能感觉到当年蒲州的繁盛景象。

31

黄河边的洛阳建都时间究竟有多长?

洛阳拥有悠久的历史，有5000多年文明史、4000多年城市史和1500多年建都史，历史上先后有13个王朝在洛阳建都，分别为夏朝、商朝、东周、东汉、曹魏、西晋、北魏、隋朝、唐朝、武周、后梁、后唐、后晋。

夏朝时期，洛阳名叫“斟鄩”，都城位于偃师二里头。在商朝的商汤至仲丁在位期间，洛阳是商朝的帝都。当时的洛阳名叫“西亳”，位于偃师商城。西周时期，洛阳名叫“成周”，位于洛邑。从周成王至周幽王，有11位帝王居住在洛阳。东周时期，都城位于洛阳，但都城名称先后发生了变化。周平王至周悼王时期及周赧王时期，都城名为“王城”；从敬王至慎靓王时期，都城名为“成周”。东汉时期，定都洛阳，宫城位于汉魏故城。东汉末年，三国鼎立时期，曹魏政权建立，定都洛阳，宫城位于汉魏故城。265年至316年，西晋司马氏取代曹魏，依旧定都洛阳，宫城仍位于汉魏故城，未发生改变。北魏时期，定都洛阳，历经孝文帝至孝武帝。隋炀帝605年迁都洛阳，官称东京，609年改称东都。唐高宗657年颁布《建东都诏》，定洛阳为东都，与长安并列为首都，684年改称神都。690年，武则天改唐为周，定都神都。742年，唐玄宗改神都为东京。后梁虽然在开封建都，但是以洛阳为西京。后唐庄宗在位时期灭掉后梁，将洛阳作为都城。后晋时期，定都开封，但以洛阳为西京。

隋唐洛阳城是当时全世界最繁华的国际化大都市，是当时世界的政治、经济、文化中心，是中国古代沿用时间最长的都城。隋唐洛阳城分为宫城（紫微城）、皇城、外郭城、上阳宫等，全域约51.9平方千米，有3

图 1-5　洛阳牡丹

市 109 坊。按天人合一的理念设计，以皇宫（紫微城）为核心，象征天帝居所紫微宫，占地面积 4.2 平方千米，是北京故宫的 6 倍，被誉为“万宫之宫”。洛阳城奠定了中国宫城的基本格局，是隋唐以后宫殿建筑的范本，被宋元明清皇宫所仿效。隋唐洛阳城在世界文明发展史上具有重要地位，其平面布局、建筑形制不仅对中国后世影响深远，而且对东亚各国产生了重大的影响。渤海国的上京（今属黑龙江省）、中京（今属吉林省）、东京（今属吉林省），以及日本平城京（今奈良）、平安京（今京都）等 5 座都城的规划设计都明显受到隋唐洛阳城的影响。

如今的洛阳城不仅保留了文物古迹，还通过旅游的方式、现代的技术等进行活态化传承，让文物开口说话，让历史仿佛在眼前，让文化走出洛阳、走出黄河流域、走向世界。

32

“城摞城”与黄河有怎样的关系?

黄河流域有一座古今叠压型城市，这里有埋藏最深、规模最大、层次最清晰、叠压最整齐的“城摞城”城址，这座城市就是古都开封。“城市的叠压其实就是文明的叠压”，“开封城，城摞城”是黄河文明的生动体现。“城摞城”不仅是我国古今叠压型城址的典型代表，也是黄河塑造的古都城市的典型代表。那么，开封“城摞城”是如何叠压形成的呢?

在如今的开封城区下面，自上而下分别埋藏有清代开封城、明代开封城、金代汴京城、五代及北宋东京城、唐代汴州城等古代城池。多年的考古研究表明，唐代汴州城埋藏在地下 10—12 米深，北宋东京城埋藏在地下 8—10 米深，金代汴京城埋藏在地下约 6—8 米深，明代开封城埋藏在地下 5—6 米深，清代开封城埋藏在地下约 3 米深。这些城池按照时代由晚到早、地层自上而下的顺序叠压在一起，构成了开封“城摞城”现象。

开封“城摞城”是全国最典型、最具代表性的“城摞城”现象。千百年来，开封历代城池的宫城区或核心区均在同一区域，即现在的开封老城中心区龙亭公园一带，历代城墙在前朝城墙的基址上再次修筑，或利用前朝城墙作为内城并向外扩筑外城，所以历代城池位置基本没有发生较大变化。历代城池的平面布局、道路交通网基本未变，历代城池的城门一脉相延，城市中轴线也一直沿用。

开封“城摞城”的形成是黄河泛滥、运河交通、政治地位、军事战争等因素共同作用的结果。黄河泛滥是造就“开封城，城摞城”这一历史地理景观的客观原因。考古发掘发现，在明末和清末城墙中各有一层厚厚的间隔层，在清代文化层之上叠压有厚1—3米的淤沙层，在明代文化层之上叠压有1—2米的淤积层。这些淤泥层就是黄河历次淤没开封时留下的，也称为间歇文化层。自1189年至1944年，有史记载的黄河水淹开封就多达105次。其中，开封城被洪水围困15次，洪水进入城内、淤没城池6次，这对开封人民的生命财产、社会生活、经济生产、交通运输等产生了巨大的打击。运河交通是城市兴起、定都的重要原因。全国大多数的古今叠压型城址都是从唐宋时期开始沿用的，开封的“城摞城”也始于唐代。唐代汴州城的兴起，完全得益于其位于“汴河要冲”的地理位置；宋代东京城的鼎盛，是“四水贯都”的地理形势和全国政治中心的地位共同作用的结果。

开封是一座离黄河很近的城市，也是一座和黄河很亲的城市，在与黄河的相伴相生、相持相斗中发展，“城摞城”这一文化奇观便是最有力的

图1-6　北宋东京城顺天门（新郑门）遗址

证据。相信在未来，“城摞城”将会成为开封与黄河共舞、与世界交流的重要载体。

33

西夏王陵为何被称为“中国的金字塔”？

黄河是中华民族的母亲河，造就了富饶的银川平原，孕育了独特的西夏文明。西夏国于 1038 年立国，亡于 1227 年，历史长达 189 年，共历 10 代君王。西夏疆域广阔，最鼎盛时期面积约 83 万平方千米。西夏创造过灿烂的文明，也曾辉煌一时，但史书上对西夏的记载较少。一个偶然的机会，原兰州军区在贺兰山脚下修军用机场时发现了一座古墓，接着又在贺兰山下的戈壁上发现了一个个大型土堆，后经研究证实，这里竟然是被大漠风沙掩藏了近千年的西夏王陵墓葬群。

西夏王陵，是西夏历代帝王的陵墓，俗称“昊王坟”，坐落在现今贺兰山东麓、银川市西郊的荒漠地带。西夏王陵东西宽约 5 千米，南北长约 10 千米，是中国现存规模最大、地面遗迹保存最完整的帝王陵园之一，其规模与北京的明十三陵相当。在 50 多平方千米的范围内，随着岗丘垄阜的自然起落，布列着 9 座帝王陵墓和 250 多座陪葬墓。帝王陵墓布列有序，按昭穆葬制排列，东西两行，每一座都是独立完整的建筑体。陪葬墓星罗棋布，规模宏大。帝陵分为内外两部分，内部大体由角台、阙台、月城以及陵城四部分构成，外部则分为开口式、封闭式和无外郭三种形制。

其中，陵台是西夏陵园中的主体建筑。陵台为塔式建筑，是土冢，起封土作用，一般位于墓室之上。但西夏陵台建在墓室北 10 米处，不具有封土作用，其形状呈八边七级、五级、九级塔式，塔基略高，往上层层内收，为夯土实心砖木混合密檐式结构，且偏离中轴线矗立，这在中国建筑史上无前例，是党项族的创造，也是西夏贵族某种特殊的葬俗。

西夏王陵被称为“东方金字塔”，这与其酷似金字塔的外形和神秘感密切相关。一座座黄色的陵台，高大得像小山丘，在阳光照耀下，金光灿灿，十分壮观。在陵台的周围，环绕着方形城墙等辅助性建筑，像一座座神秘的城堡。9 座帝王墓分别为裕陵、嘉陵、泰陵、安陵、献陵、显陵、寿陵、庄陵、康陵，它们组成了一个北斗星的图案，而陪葬墓也都是按各种星象的布局来设计的，这为西夏王陵增添了神秘的色彩。

处于奔流不息的黄河与连绵不断的贺兰山交汇处的西夏王陵，随着发掘和有关研究的进展，“东方金字塔”之谜或将被破译，当年突然消失的西夏文明也将得到更好地阐释和展示。

图 1-7　西夏王陵

34

何处是元代文化的发祥地?

“白釉青花一火成，花从釉里透分明”，青花瓷白底蓝彩就好像草原上的蓝天白云。青花瓷起源于唐朝，在元朝得到发展。“元青花”是元代瓷器的代表性称呼，同时也是元代文化的精粹和代表。元代文化，是中华文化的一个重要组成部分。元代的蒙古族主政者从草原来到中原，接受了中原文化，也带来了游牧文明，形成了特有的元代文化。其中，蒙古族帝王文化、宫廷文化、祭祀文化、民俗文化是元代文化的核心部分。元代文化的发祥地是内蒙古自治区锡林郭勒盟的元上都遗址。

1256 年，元代开国皇帝忽必烈在金莲川草原上创建了他的都城，名为开平府。1260 年，忽必烈在开平府登基称汗，并于 3 年后将开平府确定为首都，正式定名上都。这座都城北依龙岗，南临滦河，分布范围约 18 平方千米，是元朝的第一座都城，也是当时重要的政治、经济、军事中心。这座都城与数年后建造的北京古城有着完全一样的构架，可以说，北京城是元上都放大的再现，它们同样搭建着四方形的城墙，同样有着外城、内城和皇城，甚至连中轴线的设计也一模一样。元代的 11 位皇帝中，有 6 位在这里登基。可以说，一座元上都，半部元朝史。

元上都遗址是中国元代都城系列中创建最早、历史最久、格局独特、保存最完好的遗址。元上都遗址以宫殿遗址为中心，分层、放射状分布，既有土木为主的宫殿、庙宇建筑群，又有游牧民族传统的蒙古包式建筑，体现出一个高度繁荣的草原都城的宏大气派，是农耕文明与游牧文明融合的产物，是草原文化与中原农耕文化融合的杰出典范。

20 世纪 90 年代以来，人们对遗址进行了发掘。元上都的城垣分为宫城、皇城和外城三重。宫城为长方形，位于皇城正中偏北处，夯土墙两侧用青砖包砌，内有 40 余处宫殿基址。皇城为方形，位于外城东南部，墙体两侧用自然石块包砌，四角建有高大的角楼。外城在皇城的西、北两面，由皇城的东、南两墙延伸夯筑而成，分为北部的“北苑”和西部的“西内”两部分。城址整体平面呈方形，每边长 2200 余米，四周建有宽约 26 米的护城河。

元上都遗址凭借昔日的繁华鼎盛成为闻名四海的世界文化遗产，元上都曾经的辉煌虽已在荒烟蔓草间烟消云散，但正蓝旗的历史却源远流长，在这片广阔的草原上孕育出新的希望。

◎ 延伸阅读

黄河流域遗址游览路线推荐

青海省（喇家遗址、马厂塬遗址）—甘肃省（马家窑遗址、齐家坪遗址）—宁夏回族自治区（水洞沟遗址）—内蒙古自治区（土城子遗址、云中郡故城遗址、元上都遗址）—陕西省（石峁遗址、汉长安城遗址、秦始皇陵及兵马俑坑）—山西省（陶寺遗址、西侯度遗址、丁村遗址）—河南省（庙底沟遗址、仰韶村遗址、王城岗遗址、新砦遗址、二里头遗址、殷墟遗址、隋唐洛阳城遗址、开封北宋东京城遗址、大河村遗址）—山东省（城子崖遗址、大辛庄遗址、东平陵故城、小荆山遗址）。

35

平遥古城为何能成为世界文化遗产?

在山之西、河之东、晋之中，有一古城名为平遥。平遥古城始建于西周宣王时期，1370 年扩建，距今已有 2700 多年的历史。它较为完好地保留着明清时期县城的基本风貌，堪称中国汉民族地区现存最为完整的古城之一。1986 年，平遥古城被国务院公布为国家级历史文化名城；1997 年，平遥古城被联合国教科文组织世界遗产委员会列入《世界文化遗产名录》，这是目前我国唯一以整座古城申报世界文化遗产获得成功的古县城。

平遥古城素有“中国古建筑的荟萃和宝库”之称，文物古迹保存之多、品位之高，国内罕见。平遥古城由城墙、店铺、街道、寺庙、民居共同组成，是一个庞大的建筑群。平遥古城墙周长约 6 千米，有 3000 个垛口、72 座敌楼，据说象征孔子 3000 弟子及 72 圣人。城墙历经了 600 余年的风雨沧桑，至今雄风犹存。城墙以里面积为 2.25 平方千米，整座城池对称布局，特色鲜明，以市楼为轴心，以南大街为轴线，形成左城隍、右衙署，左文庙、右武庙，东道观、西寺庙的格局。城内道路纵横，四大街、八小巷、七十二条蚰蜒巷构成八卦图案，南大街、东大街、西大街、衙门街和城隍庙街形成“干”字形商业街。古城内主要街道两侧完好地保存了 220 多家古店铺，拥有 3700 余处具有保护价值的古民居，其中保存完整的有 400 余处。

平遥古城墙与双林寺、镇国寺并称为“平遥三宝”。双林寺被誉为“中国古代彩塑艺术宝库”，现存宋元明清彩塑 2052 尊。镇国寺万佛殿始建于 963 年，为国内现存最古老的木结构建筑精品之一。除此之外，平遥古城还有中国宋金时期文庙的罕见实物——文庙大成殿；有中国金融业的开山鼻祖、被誉为“天下第一号”“汇通天下”的“日升昌”票号；有始建于657 年，国内古建筑中罕见的“悬梁吊柱”奇特结构的清虚观；有遍布古城内外的1000 通碑刻及年代不一、形式多样、色彩缤纷的各种琉璃实物。

平遥古城拥有丰富的文化遗产，是独具特色的建筑群，被联合国教科文组织评价为“中国汉民族城市在明清时期的杰出范例”。如今，平遥古城凭借其历史文化底蕴，与旅游业紧密结合，得到了快速发展，成为人们了解黄河文化的重要一站。

36

嘉应观为何被誉为“万里黄河第一观”？

黄河宁，天下平。治理黄河、减少水患，是中国历代安民兴邦的大事。嘉应观记载了治理黄河的众多历史，可以说，“一座嘉应观，半部治黄史。”嘉应观位于河南省焦作市武陟县嘉应观乡，建于清雍正元年（1723），是雍正皇帝为纪念在武陟筑坝堵口、祭祀河神、封赏治河功臣而修建的一座集宫、庙、衙署为一体的淮黄诸河龙王庙，被誉为“万里黄河第一观”。

嘉应观内文化遗产丰厚，有“三绝”和“三奇”。

第一绝为“御制铜碑”，又称“御制蛟龙碑”，碑文由雍正皇帝亲笔撰写，位于御碑亭内，为嘉应观的镇观之宝。第二绝为“龙凤彩图”，是清代原汁原味的宫廷彩绘，为前清满族艺术风格。第三绝为“八音神钟”，钟身置纹环带，象征黄河的波涛、曲线的堤防及护堤的石坝，钟脚有八卦符号，符号上方有八面菱形图，象征江山社稷。

第一奇为“齐缝墙”。一般的砖瓦建筑，墙体都是砖与砖相互咬茬，而禹王阁的后檐墙互不衔接，独自向上，故称“齐缝墙”。第二奇为“灵石碑”。嘉应观内有一石碑为“庙产碑”，也叫“灵石碑”。该碑清晰地记载着嘉应观占地的总面积。立此碑时嘉应观总占地亩数为八顷九十一亩一分八厘五毫一丝七忽。第三奇为“姊妹椿”。椿树的树种有香椿和臭椿，可是嘉应观两棵椿树的叶子却没有任何味道。

嘉应观是黄河堵口文化的标本。黄河堵口，历史悠久。古人成功创造了立堵、平堵和混合堵技术。堵口风险高，难度大，又不得不做。在长期的堵口过程中，逐步形成了堵口习俗和文化。一是堵口前要祭天祭神。二是建祠立碑，纪念堵口胜利。正是在这种堵口文化影响下，雍正皇帝在武陟堵口及筑堤取得成效后，才下诏书修建嘉应观，以祭祀河神和纪念这次治河活动。

嘉应观是中国历史上唯一一座记述治黄史的庙观。嘉应观只供奉治河功臣，不供奉神灵。嘉应观拥有治河功臣殿，在殿内供奉着 10 位治河功臣。东大殿供奉的是西汉的贾让、东汉的王景、元朝的贾鲁、明朝的潘季驯和“白大王”白英。西大殿供奉的是明朝工部尚书宋礼、兵部尚书刘天和，清朝齐苏勒、嵇曾筠和林则徐三位治河总督。

嘉应观是中国治黄历史上的一个标志性建筑，浓缩了古人的治河经验，反映了黄河治理发展的轨迹，折射着黄河历史发展的脉络，是黄河文化的结晶。

◎ 延伸阅读

黄河流域建筑游览线路推荐

青海省（塔尔寺、东关清真大寺）—四川省（巴格嘛呢石经墙）—甘肃省（南关清真寺、胡氏民居）—宁夏回族自治区（中华黄河楼、海宝塔寺、玉皇阁）—内蒙古自治区（大召寺、宝尔汗佛塔）—陕西省（秦始皇陵及兵马俑坑、姜氏庄园、韩城文庙、大雁塔）—山西省（鹳雀楼、平遥古城、云冈石窟、悬空寺）—河南省（龙门石窟、“天地之中”历史建筑群、嘉应观、铁塔、大相国寺）—山东省（岱庙、解放阁、洪家楼天主教堂）

37

泰山石刻怎样成为天然的书法展览？

众所周知，在中国堪称“五岳之首”的山岳唯有泰山。泰山有四大奇观，即泰山日出、云海玉盘、晚霞夕照和黄河金带。黄河金带，指的就是在泰山玉皇顶可以看到百里外黄河蜿蜒的盛景。在泰山，不仅可以观赏“四大奇观”，还可以欣赏书法石刻。

泰山是“中国书法名山”。泰山拥有上千处石刻，用石头留下了众多名垂青史的书法，上自秦汉，下至明清，以至当代，漫漫 2000 多年，为世人展现了一部中国书法史。

石刻是泰山景观的重要组成部分。泰山现存最早的石刻是秦刻石。由于秦《泰山刻石》显要的政治地位、文字地位、书法艺术地位，历代史学家、文学家、书法家对其推崇备至，遂有“天下第一碑”的美誉。

汉代亦有碑刻及摩崖石刻，现仅存碑刻，摩崖石刻已佚失。《衡方碑》以其点画尚变、结构笨拙、形体壮美、气象高古的艺术特色，于众多的汉碑中跃出，令人印象深刻。《张迁碑》率真质朴、方朴古拙、峻实稳重，与东汉其他碑刻相比，别具一番气象。

及至魏晋，随着宗教在泰山的发展，刻石之风日盛，碑刻、摩崖石刻及造像等在泰山大量出现。如北齐经石峪摩崖《金刚经》，书体在楷隶之间，偶有篆隶草情，古拙朴茂，静谧安详，为历代所崇。

唐宋及至明清是泰山石刻发展的高峰期，在这一时期出现了大量碑刻和摩崖石刻，现存的摩崖石刻大都是这个时期的作品。如唐代欧阳询的《房彦谦碑》、李隆基的《大观碑》，宋代赵佶的《大观圣作之碑》。民国时期有大量石刻留存。至于现代，出于对泰山景观的保护，石刻制作较为审慎，数量不多。

泰山石刻内容丰富，有封禅祭祀、御制诗文、修建记事、经刻、墓志造像、题景楹联等，后人通过研读镌刻在泰山上的文字，得以窥见古代遗迹。

泰山石刻存留的数量之多、形制之巨、历史之悠久、内容之丰富，造就了书法中的泰山。泰山成了黄河流域独一无二的石刻艺术宝库，更成了一处天然的书法展览馆。

◎ 延伸阅读

黄河流域文物游览线路推荐

青海省（舞蹈纹彩陶盆、黄河磬王、葫芦纹彩陶壶、明铜鎏金观音造像）—四川省（牛纹铜罍、石犀牛、太阳神鸟金饰、青铜神树）—甘肃省（铜奔马、人头形器口彩陶瓶、驿使图画像砖）—宁夏回族自治区（胡旋舞石刻墓门）—内蒙古自治区（蜷体玉龙、鹰顶金冠饰、元代钧窑“小宋自造”香炉）—陕西省（秦兵马俑、葡萄花鸟纹银香囊、杜虎符）—山西省（晋侯鸟尊、侯马董氏金墓戏俑、侯马盟书、木板漆画）—河南省（贾湖骨笛、蚌塑龙、后母戊鼎、彩陶双连壶、白衣彩陶钵）—山东省（鲁国大玉璧、泰山石刻、蛋壳黑陶杯、《孙子兵法》与《孙膑兵法》竹简）

第二篇 文化艺术

38

二十四节气为什么起源于黄河流域?

“春雨惊春清谷天，夏满芒夏暑相连。秋处露秋寒霜降，冬雪雪冬小大寒。”《二十四节气歌》中短短的二十八个字，将我国的二十四节气进行了精准概括。二十四节气表达了人与自然宇宙之间独特的时间观念，蕴含着中华民族悠久的文化内涵和历史积淀。

在漫长的农耕社会中，二十四节气发挥着重要作用，拥有丰富的文化内涵。中国古代农业灌溉依赖天上降水与地上河流，农耕主要集中于降水充沛与江河水网发达的地区，这些地区的农民按照节气，配合温度、降水来从事农业生产。

二十四节气起源于黄河流域。远在春秋时，人们就定出了仲春、仲夏、仲秋和仲冬四个节气。后经不断改进与完善，到秦汉年间，二十四节气已完全确立，它是劳动人民智慧的结晶。公元前104年，由邓平等制定的《太初历》，正式把二十四节气收入历法，明确了二十四节气的天文位置。

立春是第一个节气，从天文学上说，是太阳到达黄经315度时。立春时节，东风送暖，大地开始解冻；立春五日后，蛰居的虫类慢慢在洞中苏醒；再过五日，河里的冰开始融化，鱼开始到水面上游动。立春节气受到农民的欢迎，因为它带来了温暖和希望。与立春有关的天气谚语也很多，如“立春晴，雨水匀”“立春之日雨淋淋，阴阴湿湿到清明”等。

立春之后，经历雨水、惊蛰、春分、清明、谷雨等春季节气，就进入了夏季。夏季经过立夏和小满，就到了芒种。每年6月6日前后，太阳抵达黄经75度，对处于北半球的中国来说，是农忙的季节。

如果小满节气已经满足了农作物对雨水的渴求，那么到了6月，冬春作物就可以收割，夏秋作物就可以栽种。所以，芒种也被称为“忙种”。各地都有相应的俗语，如“芒种忙忙种，夏至谷怀胎”“芒种下种、大暑莳”“芒种前三日秧不得，芒种后三日秧不出”“芒种不种，再种无用”“芒种边，好种籼，芒种过，好种糯”“过了芒种，不可强种”。

经过夏至和小大暑，就迎来了秋季。经过立秋、处暑、白露、秋分、寒露，秋季的最后一个节气霜降就来了。此时，太阳到达黄经210度，每年的10月23日前后，秋天就结束了。不过，这个时候霜只是在黄河流域出现；华南南部的河谷地带，要到隆冬才能见霜；至于海南等地，则没有霜降。霜降时节，中国北方的秋收扫尾，即便是耐寒的葱也不能再长了，“霜降不起葱，越长越要空”；在南方，则是“三秋”大忙季节，杂交稻、晚稻在收割，早茬麦、早茬油菜在栽种，棉花在摘，棉秸要拔除。

余世存说：“节气不仅跟农业、养生有关，也跟我们对生命、自然、人生宇宙的感受认知有关。古人把五天称为‘微’，把十五天称为‘著’，五天多又称为一‘候’，十五天则是一节气。见微知著，跟观候知节一样，是先民立身处世的生活，也是他们安身立命的参照。”

春季的清明，《岁时百问》中说，“万物生长此时，皆清洁而明净”。在中国历史上，清明节气具有特殊性，寒食节、上巳节都在清明前后。在宋代，太学特地在清明放假三日，让学生能够扫墓踏青。明《帝京景物略》载：“三月清明日，男女扫墓，担提尊榼，轿马后挂楮锭，粲粲然满道也。”

夏季的夏至，时值麦收，在古时称“夏节”或“夏至节”。清代之前的夏至日全国放假一天；宋朝从夏至日始，百官放假三天；辽代则是“夏至日谓之‘朝节’，妇女进彩扇，以粉脂囊相赠遗”。

秋季的白露，大概是最有诗意的节气之一。关于白露的名句俯拾皆是，“蒹葭苍苍，白露为霜”“秋风何冽冽，白露为朝霜”“露从今夜白，月是故乡明”……古人认为露是祥瑞之物，可以祛病延寿，“甘露降”则是帝王施仁政、德泽万民的征兆。

冬季经过立冬、小雪、大雪、冬至、小寒，就到了大寒。大寒是二十四节气中的最后一个节气，农谚有“过了大寒，又是一年”。

《晚登虔州即事寄李侍御》中有“愿保乔松质，青青过大寒”的诗句，意思是在万木凋落的时节，松柏仍能保持生命力，苍翠如春，它们给人类生活以榜样和信心：大寒到了，春天还会远吗？

39

黄河边为什么响起了黄河号子？

黄河号子是劳动号子的一个分支，实质上是一种在紧张、繁重、需要协作指挥的集体劳动中喊唱出来的民歌。从号词来看，内容多取材于历史典故、民间传说、地方戏曲等，地域性文化特色非常明显。在过去很长一段时间里，号子在黄河岸边传唱不息，成为沿黄劳动人民日常生活的一部分，可谓沿黄人民的劳动法宝。

在治理黄河的过程中出现了不同的工种，黄河号子也相应分成诸多类别，大体上可分为埽工号子、河工号子、船工号子、硪工号子与抢险号子。

埽工号子是河工捆抛柳石枕时为统一力量喊出来的号令，需要在最短的时间内靠河工有节奏地发力，将数吨重的树枝包裹着石头的混合体推入到大河中的出险位置。

船工号子是黄河船工在操作船只与风浪搏斗时喊唱的号子。根据操作环节的不同，船工号子又分为拨船号子、行船号子、推船号子、拉篷号子、爬山虎号子等。

硪工号子是沿河群众修堤筑坝时，用硪夯实顶部时喊唱的号子。硪工号子名目繁多，大多是根据其使用架势得名，有一掂一打、节奏缓慢的老牛号，有沾地就起、动作急促的流星号，还有节奏更加舒缓的定板号……

抢险号子则是人们打桩拴绳、捆枕拉绳、推枕入水时喊唱的劳动号子。据老一辈河工讲，黄河南岸的劳动号子分为流星号、老牛号、定板号、荤腥号、巧挖号5种。其中，流星号简洁明快；老牛号气定神闲；定板号先慢后快；荤腥号是男人间相互揭短逗乐；巧挖号以豫剧、道情的唱腔即兴现编号词，特别是最后一个字的甩腔，很有韵味。

黄河劳动号子作为一种民间口头艺术，是黄河文化的重要组成部分。20 世纪 70 年代以前，在紧张、繁忙的黄河抢险一线，在河道、堤防水利设施修建工地，常常可以听见高亢激昂、此起彼伏的号子声。

然而，时代在进步，人们的生产生活方式在改变，黄河号子的生存土壤也发生了根本性的变化。如今，黄河防洪工程建设的技术手段已发生了质的变化，传统的抢险场面和修堤筑坝的方法逐渐淡出历史舞台，还能准确记住黄河号子内容和喊唱方法的老一代河工越来越少，很多号种早已消失在历史的长河中。而新一代治黄工作者中，听过黄河号子的本就不多，感兴趣并会唱的更是凤毛麟角。黄河号子作为国家级非物质文化遗产，其传承面临“后继乏人”的尴尬局面。

40

黄河边的窑洞体现了怎样的智慧?

漫山遍野的黄土、白色的羊毛马甲和红头巾，是很多人对陕北的第一印象。然而，在黄土高原还分布着传统民居窑洞。对于世代生活在陕北高原的人来说，窑洞不仅代表着安家立业的根本，也是一种老有所依的安心，更是一种澎湃于心、难以割舍的情怀。千百年来，与黄土高原儿女相生相伴的窑洞，成为无数人平凡生活的精神寄托。

黄河中游地区有世界闻名的黄土高原。生活在黄土高原上的人们，利用那里又深又厚、立体性能极好的黄土层，以及沟壑纵横、梁峁交织的高原地形，用自己的双手因地制宜，创造了被称为“绿色建筑”的窑洞。

窑洞从原始穴居发展而来，有着悠远的历史和浓厚的文化。《易经》云，“上古穴居而野处”。《博物志》云，“南越巢居，北朔穴居，避寒暑也。”在我国先秦历史文献中，最早出现的建筑居住形式就是窑洞居室。窑洞似满天星斗点缀或藏匿在沟、梁、塬、峁之间。那有着拱圆窗户的靠山窑和四明头窑，三五孔或七八孔，一排或几排，单列或组成四合院，是黄土高原上最具代表性的民居，蕴含着北方民族穴居的历史遗风。陕北厚实的黄土层为人们开凿窑洞提供了天然优势，它源于自然，融于自然，可以说是“天人合一”的成功范例。窑洞选择了黄土高原，黄土高原选择了人，人也选择了窑洞，窑洞是黄土高原历史文化的重要载体，也承载着浓郁的乡土文化、丰富的生活哲理和人居文化思想。

窑洞是陕北乡村文化的一个缩影，也是“陕北味”的代表，它将陕北以一种真实的形式展现在人们面前。俗语道：“有百年不漏的窑洞，没有百年不漏的房厦。”淳朴的民风和高低错落的窑洞群，展现了一幅陕北农村风情的画卷。因电视剧《平凡的世界》而走进大众视野的绥德郭家沟村，就是陕北原生态村落的典型代表。一排排老式窑洞依山而建，错落有致地散落在黄土高坡上，传承了典型的陕北窑洞建筑风格，还原了黄土地最淳朴的一面。石头堆砌的院落内保留着石磨、石槽、石碾等，室内布置简单，有一种原生态的美感。

窑洞是黄土高原的产物，也是陕北文化的象征，蕴含着丰富的建筑艺术价值，积淀着古老深厚的黄土地文明。炊烟袅袅的窑洞承载着无数人的情感和记忆，是远在他乡的游子挥之不去的乡愁。经过千百年风雨洗礼，曾经被视为“沉睡资产”的窑洞逐渐复苏，为陕北文化的赓续注入了新的活力。作为传统民居建筑，窑洞已逐渐退出现代人的生活，但作为一种精神文化和难以割舍的情怀，窑洞已融入一代又一代黄土高原儿女的血脉，永远铭记在陕北人的灵魂深处，在连绵浑厚的黄土高原上，继续释放着它独有的魅力。

41

黄河边的人们为什么偏爱面食？

民以食为天，自古以来，粮食就是国家和百姓关注的大问题。黄河流域，尤其是黄河中上游地区四季分明，冬季漫长而干冷、雨雪稀少，春季干燥少雨，夏季炎热且降水高度集中，秋季凉爽但时间短促，是典型的温带大陆性季风气候，这种气候最适宜小麦生长。黄河流域是我国农耕文明的起源地，是小麦种植生产的重要区域。长期以来，黄河流域的人们将小麦做成面食，饮食以面食为主。

在黄河中下游的郑州，烩面是深受大众喜爱的面食。从“郑州老三记”之一的合记烩面，到后来崛起的萧记三鲜烩面、裕丰园滋补烩面等，烩面俨然成为郑州面条的“霸主”。加入各种配料熬出来浓醇的羊肉高汤，劲道的宽面条，配上粉丝、豆皮，无论春夏秋冬，吃起来都格外满足。

在黄河上游的兰州，牛肉拉面是主流的面食。据说，兰州拉面起源于今河南省博爱，后被东乡族马六七带入兰州，并在马保子的推动下，成为中式三大快餐之一，被誉为“中华第一面”。兰州拉面以物美价廉、口味独特而深受广大人民群众的喜爱。兰州拉面在肉类选取、制作工艺上更为精细，是更具品位和正统性的食品。但是拉面的改进与推广，并非只有甘肃一家之功。来自青海的师傅，用平民价位让兰州拉面深入人心。可以说，“兰州拉面”是一个甘肃与青海共同创造的餐饮神话。

在黄河流域，深受广大人民群众喜爱的还有山西刀削面。刀削面宛若艺术品：透明的面叶浸在汤汁里，洁白如玉；翠绿的菠菜嵌在中间，似白玉中的绿絮。丸子、鸡蛋、烧肉、豆腐等堆在碗中，肉臊子浇在面上，葱花和香菜点缀其上，再配上醋、油炸辣椒和醋泡蒜。刀削面颜色丰富，美味飘香，令人垂涎欲滴。刀削面的削面环节极具表演性。削面师傅多为年轻人，身穿职业服，手持削面刀，花样展示削面技能。有的能将条条削面准确地挂在一根绳子上，有的能远距离将面削到较小的区域内，甚至能将面片削入茶壶嘴里，令人叹为观止。

一方水土养一方人，黄河面食滋养了黄河两岸的民众，面香弥漫在黄河沿线的每一个角落。青海尕面片、四川担担面、甘肃牛肉拉面、宁夏回族自治区羊肉臊子面、内蒙古自治区焖面、陕西油泼面、山西刀削面、河南烩面、山东打卤面……认识黄河文化，不妨从“面”开始。

42

黄河与《诗经》怎样共情?

孔子云：“不学《诗》，无以言。”这里说的“诗”，就是我国第一部诗歌总集——《诗经》。在《诗经》中，涉及河流的篇章有近百篇。据统计，《诗经》中直接写黄河的有 15 篇，虽未明写黄河，但描写黄河边故事的有 24 篇。可以说，《诗经》是记录黄河文化的重要典籍。

“关关雎鸠，在河之洲。窈窕淑女，君子好逑。”这是《诗经》开篇第一首诗的内容，名为《关雎》。同时，这也是我国古代反映爱情主题的情谣恋歌，在我国文学史上占有很高的地位。作为我国文学的光辉起点，《诗经》真实地反映了当时的社会生活和人民群众的思想感情，诗篇中所体现出来的现实主义精神，以及它的以四言为主的诗体形式和赋、比、兴的表现手法，是我国早期文学的重要标志，对后世中国文学的发展有着深远的影响。

流经鹤壁境内的一条古老的河——淇河，与《诗经》有着非常密切的关系。淇河古称“淇”或“淇水”，《诗经》中有 6 首诗歌 18 次咏及淇河。公元前 544 年，吴国公子季札评论《卫风》：“美哉，渊乎！忧而不困者也。吾闻卫康叔、武公之德如是，是其《卫风》乎？”意思是说：“美好又深沉啊！有忧愁而不困扰。我听说卫康叔和卫武公的德行就是这样的。这不就是《卫风》吗？”《诗经》中的《淇奥》就是以淇园竹歌颂卫武公的著

图 2-1　鹤壁淇河

名诗篇。从此，淇水卫地的廉政诗文化与淇竹诗文化就融为一体了，历朝历代涉及淇奥、淇园、淇竹的诗篇很多，大都含有廉政的内容。

《诗经》里的诗歌来源地主要是今天的河南省和陕西省，所以，《诗经》的故乡就在黄河流域。

43

传颂千年的格萨尔王有哪些传奇？

黄河上游广泛流传着藏族英雄人物格萨尔王的传说，有长篇英雄史诗《格萨尔王传》。《格萨尔王传》由无数民间说唱艺人集体加工创作，并由僧侣文人记录整理，是流传至今的民间文学巨著。《格萨尔王传》既是一部卷帙浩繁、内容丰富、诗文绚丽的世界文学名著，又是综合反映古代藏族社会历史的百科全书。

在传说中，格萨尔于1000多年前诞生于阿须草原。格萨尔自幼家贫，受到叔父晁同排挤，母子到处漂泊，相依为命。8岁时，格萨尔与母亲移居到黄河之畔。后来，格萨尔在赛马中夺魁称王，进驻都城森周达泽宗，并娶珠姆为妻。格萨尔与妻兄甲察建立军队，率众除暴安良，南征北战，统一了大小150多个部落，建立起了强大的岭国，使岭地百姓过上了安定富裕的生活。

《格萨尔王传》在广大民众中世代口耳相传，围绕格萨尔传奇故事还衍生出了丰富多彩的雕刻、绘画、藏戏、建筑、舞蹈等民间艺术。如今，在不少地方仍有格萨尔王的遗迹。比如甘孜藏族自治州有格萨尔王出生地阿须草原遗迹、格萨尔王古都森周达泽宗遗址、格萨尔王妃珠姆官寨遗址、岭国大将出生地及战争遗址等。格萨尔王在民间有着强韧的生命力，以格萨尔王为题材的各类艺术形式为人们所喜爱。

据研究统计，格萨尔传说在多个民族中广泛流传。此外，格萨尔传说在尼泊尔、不丹、印度、巴基斯坦、蒙古国、俄罗斯等国家和地区也有传播。作为人类文明交流互鉴和文化创造力的重要见证，格萨尔传说在“一带一路”沿线形成了国际流传带，成为世界文化交流史和史诗版图上一道亮丽的风景线。

44

唐卡为何是神秘的热贡艺术精华?

唐卡，也叫唐嘎、唐喀，系藏文音译。唐卡是指用彩缎装裱后悬挂供奉的宗教卷轴画，是藏族文化中的一种独具特色的绘画艺术形式。

热贡唐卡既吸收了汉地文化，又继承了藏传佛教及西藏唐卡艺术风格，经过不断传承及变迁，形成了鲜明的时代及地域风格特征，内涵也变得更加包容与丰富。热贡唐卡构图饱满、色彩艳丽、线条优美、图案繁密。由于青海的藏族人民偏爱红、黄、蓝、绿、白等纯色，热贡唐卡在色彩方面，也有别于西藏唐卡，热贡唐卡色彩艳丽，更具有跳跃性，画面更显活泼和节奏感。在线条方面，热贡唐卡的线条使用比西藏唐卡更为讲究，尤其是金线的运用，使得热贡唐卡有“富丽堂皇”的特点。在染色技法上，热贡唐卡多采用平涂，突出色彩本身的美感。

唐卡是伴随藏传佛教的传播而发展的，它通过对佛教中各类形象的描绘，以更加生动的形式对佛教文化进行传播。7 世纪至 9 世纪是唐卡发展的初期阶段，这一时期的唐卡造型简洁，多用白、青、红、黄 4 种基础色彩绘制。画面中人物造像衣着甚少，以梵绳、八宝作为遮掩物，主尊形象占据画面视觉中心位置，造型较大，主题造型周边的背景边缘以格状图案装饰为主。12 世纪可以看作唐卡的发展期，主要代表流派是江孜画派。这一时期的唐卡受到汉地文化的影响，出现了诸如童子、龙等形象，同时受印度、尼泊尔艺术的影响，色彩更加绚丽，色彩构成由暖色调向对比色调、冷色调过渡。15 世纪到 16 世纪，藏传佛教文化艺术进入繁荣期，代表性的流派有门者画派、门萨画派和嘎玛贡画派。18 世纪至 19 世纪的唐卡，无论是绘画质量还是审美意识都达到了前所未有的高峰。值得一提的是，中原地区的传统工笔重彩技法对这一时期的唐卡影响很大。

45

黄河流域的花儿为什么被称为“西北之魂”？

花儿又名“少年”，是流传于西北地区的多民族民歌，因歌词中将青年女子比喻为花儿而得名。花儿的歌名之美、演唱民族之多、流行地区之广、唱词格律之奇特、曲令音调之丰富，都是其他民歌无法比拟的，是民间文化艺术长廊中的一朵奇葩。

花儿产生于明代初年。明代建文年间，被谪放河州（今属甘肃）的大学士解缙《寓河州》诗云：“春风一夜冰桥折，霹雳声如百面雷。亦有渔人捕鱼者，短歌微送月明回。”其中的“短歌”即指花儿。花儿是众多民族共创共享的一种民歌，是各民族之间文化交流、情感交融的重要渠道。

花儿曲调多称“令”，有大令和小令之分。大令旋律悠长、结构清晰，大多用真假声相结合的方法演唱；小令节奏规整，乐段结构内变化较多，旋律受小调影响较多，多用真声演唱。

由于音乐特点、歌词格律和流传地区的不同，花儿一般分为河湟花儿、洮岷花儿和六盘山花儿 3 个大类。其中，河湟花儿发源于黄河上游农区和湟水流域。河湟人民创造了数百种花儿曲令，数万首花儿作品。河湟花儿使用各地汉语方言演唱，却能为河湟地区各少数民族接受，成为河湟地区多个民族共同传唱的民歌，这在全国各地各族民歌中是较为少见的。根据民族的不同，河湟花儿可分为汉族花儿、回族花儿、土族花儿、撒拉族花儿、蒙古族花儿、藏族花儿等。它们有的高亢，有的委婉，有的欢快，有的哀怨，反映出河湟地区各族人民淳朴、豪放的性格特征。

人们除了平常在田间劳动、山野放牧和旅途中即兴漫唱之外，每年还在特定的时间和地点，自发举行规模盛大的民歌竞唱活动——花儿会。花儿会是花儿演唱的文化场所，也是花儿传播的文化空间。黄河上游的花儿会规模宏大，代表性花儿会有莲花山花儿会、松鸣岩花儿会、二郎山花儿会、老爷山花儿会、丹麻土族花儿会、七里寺花儿会、瞿昙寺花儿会等。

花儿流行于西北地区，具有浓郁的生活气息和乡土特色，是西北人情感的表达和反映，深受各族群众的喜爱，故而被誉为“西北之魂”。花儿内容丰富多彩，形式自由活泼，语言生动形象，曲调高昂优美，是黄河流域璀璨的艺术之花。

46

大禹治水与黄河有什么联系?

大禹治水是大众耳熟能详的中国古代神话传说。在三皇五帝时期，黄河泛滥，影响百姓生产生活，鲧、禹父子二人临危受命，负责治理黄河。治理黄河是大禹治水的重要内容。

大禹吸取父亲治水的教训，讲求科学智慧，劈山岭、开河道、撒息壤、筑堤坝、疏导洪水入河归海。他根据山川地理情况，将中国分为九州，把整个中国的山水当作一个整体来治理。他先治理九州的土地，然后治理山，最后才开始理通水脉，黄河流域遍布他治理的痕迹。除了治理有方，大禹治水的精神更令人钦佩。大禹率领民众与灾害搏斗，置个人利益于不顾，“三过家门而不入”，治水 13 年耗尽心血与体力，终于完成了治水大业。

那么，大禹是哪里人呢？学术界对此至今没有定论，主要有“豫西说”“晋南说”“山东说”“东南说”“西北说”“四川说”等。不管大禹族源哪里，大禹治水的足迹都遍布黄河大地，大禹治水的精神都传遍中华各民族。在古兖州（今山东西北部、河北东南部、河南东北部），黄河中游积聚的大量水流向这里冲来，而兖州地势低洼，是洪水重灾区，这里因而成为大禹治水的主要地域；古豫州（今河南黄河以南地区）是夏族活动的中心地域，大禹在这里兴建了多项水利工程，基本消弭了这一地区的洪灾；在古雍州（今属甘肃）、古梁州（今陕西、四川及云贵部分地区）、古冀州（今山西、河南、河北等地），大禹辟孟门、凿龙门。各种古史记载的治水事件比比皆是，可见禹当时治水的地域之广。大禹治水造福了千万饱受黄河水患伤害的百姓，农田肥沃成了米粮仓，人们不再惧怕黄河，在神州大地上筑室而居，过上了幸福富足的生活。大禹治水的传说也因此广为流传，人们将传说与治水地域的河流山川相融合，加入了更多的治水细节，最终形成了丰富的大禹治水的传说。

47

莫高窟为何被称作“艺术宝库”？

莫高窟，又称千佛洞，位于甘肃省敦煌市，是中国四大石窟之一，被列入《世界遗产名录》。莫高窟始建于前秦，历经十六国、北朝、隋唐、五代十国、元等朝代上千年的兴建，才有了现在规模较大、保存较为完整的“艺术宝库”。

莫高窟是公认的集建筑、彩塑、壁画于一体的立体综合的艺术宝库。其一，莫高窟具有很高的建筑艺术价值。洞窟内外完整保存了千百年来的建筑形式，主要为唐宋时期的木结构窟檐和宋元时期的土木古塔，在建筑风格上与同时期的中原地区有很大的不同，为建筑史研究提供了重要的实物资料。另外，莫高窟壁画绘制了许多建筑物，如宫殿、佛塔、住宅、桥梁等，展现了我国古代千余年的建筑发展状况。

其二，莫高窟具有很高的彩塑艺术价值。石窟内有泥质彩塑 2415 尊，主体主要包括佛像、菩萨像、弟子像、天王、金刚、力士等。彩塑形式有圆塑、浮塑、影塑、善业塑等，最高的塑像达 34.5 米，最小的善业泥木石像为 2 厘米左右，题材广泛，手艺精湛，惟妙惟肖，堪称佛教彩塑博物馆。

其三，莫高窟具有很高的壁画艺术价值。石窟内有壁画 4.5 万平方米，壁画种类可分为佛像画、神怪画、故事画、装饰图案画等。壁画内容从多方面反映了我国古代的社会生活、历史文化、政治经济、军事宗教、山水花卉等。例如壁画中记录了古代儿童戏水采花、追逐打闹等游玩的快乐场景，一幅幅鲜活的画面成为我们了解古代社会的百科全书。敦煌壁画中出现的“飞天”“反弹琵琶”“九色鹿”等成了如今的艺术经典。莫高窟是佛教文化中国化的体现，在艺术表达上汲取了伊朗、印度、希腊等国的文化精华，加以消化吸收，呈现出中国之美，这也说明我国高度的文化自信包容着来自世界各地的文明。

1900 年，藏经洞的发现揭开了莫高窟神秘的面纱，让莫高窟名扬海内外。藏经洞里有浩如烟海的经书文献，约有 5 万本；有丰富绚丽的绘画艺术品，如绢画、麻布画、纸本画等；有大量珍贵的丝织物，如三角形幡首、幡带、经帙，它们是研究中国古代社会的重要资料。令人遗憾的是，随着外国偷盗者的不断涌入，大量的文物经书流落海外，至今未归，这是我国乃至世界文化艺术史上的浩劫！

如今，莫高窟在前辈们的不断努力下重获新生，莫高窟的守护人万庚育举家西行，在敦煌临摹了大半辈子壁画。当有人问她：您后悔这个选择吗？她回答，不后悔，艺术，艺术……

48

黄河边的贺兰山如何记录了史前人类的艺术?

贺兰山，位于宁夏回族自治区与内蒙古自治区的交界处，呈南北走向，全长 250 多千米，是我国一条重要的自然地理分界线。贺兰山不但是我国荒漠草原与荒漠的分界线，也是季风气候和非季风气候的分界线，犹如一道屏障守卫着祖国西北的咽喉之地，与黄河水一起成就了塞上江南的美丽富足。贺兰山岩画多分布在山谷河流沿岸的崖石上，自南向北绵延数百千米，生动记录着史前人类的艺术。

从 20 世纪 80 年代开始，贺兰山的岩画世界被打开，人们累计发现单体图像 2 万多幅，其中以组合图画形式出现的有 5000 多组，这弥补了中国在世界岩画领域的空白。这些岩画的起源时间虽存在争议，但多数学者倾向其产生于新石器时代晚期，这就意味着在文字出现之前，岩画是人类记事的重要方式之一。贺兰山岩画是曾经生活在这块土地上的匈奴、突厥、蒙古族等少数民族的艺术杰作，展现了他们的生产生活习惯以及当时的自然风光。

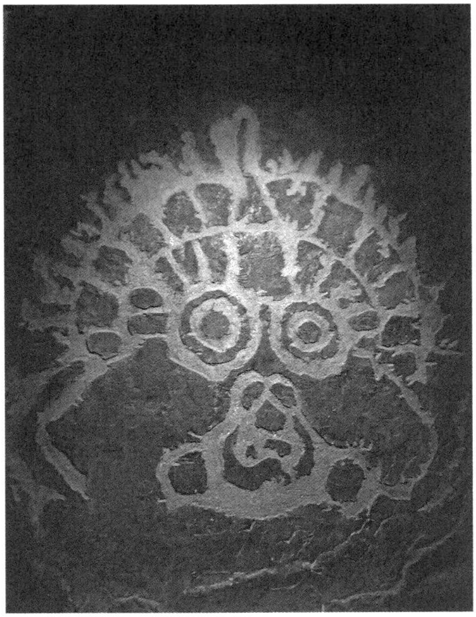

图 2-2　贺兰山岩画

岩画是一种刻凿或画在岩石上的图像，是一种特殊的史前语言，不仅具有历史文化价值，还具有较高的艺术价值。从内容上看，贺兰山岩画主要包括动物、人物、工具、武器以及图案符号等，生动展现了狩猎放牧、劳动生产、舞蹈打斗、宗教祭祀等生产生活画面，比如有狩猎岩画、战马像岩画、神像岩画等。这些图案不仅揭示了原始部落对大自然崇拜的精神追求，还反映了古代先民的物质文化内涵，为我们对史前社会文化进行更深层次的探索提供了重要的参考资料，是研究史前贺兰山地区古代游牧民族社会生活的活化石。从表现手法上看，一方面，贺兰山岩画通常采用写实的自然主义手法，具体表现为朴素粗犷的笔触和绘画风格、夸张的色彩表达，显示出“野性的气息”，这与游牧民族的生活习惯是吻合的，也反映了贺兰山地区的游牧民族崇尚武力、善于搏斗的事实。另一方面则是主张简化、抽象化。一些高大的生物用简单的符号来记录，这一点在人物上尤为突出，例如人的造型仅由四肢、头颅构成，人面像仅由一圆一叉两点构成，这样表现人物形象，简洁而可贵，是贺兰山地区游牧先民们智慧的结晶。

我们已经无法寻觅先民们的踪迹，但岩画跨越时空记录着史前的艺术，向后人传达着来自远古的信息……

49

黄河边的陕北民歌《山丹丹开花红艳艳》为何如此嘹亮？

“山丹丹的那个开花哟红艳艳……”当你看到这句歌词，耳边是否已经响起嘹亮的歌声和音调？《山丹丹开花红艳艳》作为代表性的陕北民歌，展现出陕北地区的地理和人文特色，深受大众喜爱。

陕北民歌，是用陕北方言来记录和传唱的传统音乐，主要流传在陕西省北部黄土高原地区。陕北民歌作为中国古老的民歌形式之一，至今已有2000多年的历史。陕北民歌以嘹亮高亢、质朴热情、粗犷开阔的曲风著称，是历代陕北劳动人民精神文化的结晶，内容大多反映劳动人民的喜怒哀乐，包含社会变化、革命历史、爱情婚姻等主题。陕北民歌主要包括信天游、劳动号子、小调等，《山丹丹开花红艳艳》就属于信天游，节奏大都自由奔放、扣人心弦，有种不加修饰的健康美。

陕北民歌是大地之歌。它的形成和陕北沟壑纵横的地貌有直接关系，人们常常站在坡上或沟底远距离大声呼叫或交谈，需要把声音拉得很长才能互相听到，于是在高低长短间形成了自由粗犷的韵律，这种习惯也逐渐对陕北民歌产生了深远影响。黄土高原上黄土风沙漫卷，自然环境恶劣，缺少旺盛的生命，也许红艳艳的山丹丹花给色彩单调的黄土高原带来了一丝生机。民歌声调高昂，嗓音洪亮，在空旷的山川高原间自由呐喊，歌声荡气回肠，饱含着陕北人的精神。

陕北民歌是劳动之歌。贫困的生活现实是陕北人民创造民歌的重要土壤，陕北东临黄河，北接内蒙古自治区，历史上历经动荡和战乱，人们生活在水深火热之中。民族融合以及苦难也使陕北人形成了勇猛刚毅、积极向上的品质。自然环境导致生产条件落后，人们离开自己的故土去寻找美好的新生活，用自己的双手创造劳动价值，为改善生活而艰苦奋斗，这也使民歌走出了陕北大地。

陕北民歌是革命之歌。陕北民歌中有很多是陕北作为革命根据地时期创作的，它承载和传达着革命理论、革命精神，具有珍贵的革命历史价值。正如歌曲《陕北是个好地方》的歌词，“青山环抱杨家岭，彩霞围绕枣园乡，天下闻名的南泥湾，十里里能闻见稻花香……抚育了英雄万万千，就像那山丹丹遍地开放”。

陕北民歌的形成和传唱与这片黄土地有着千丝万缕的联系，苍凉的黄土高原与热情质朴的陕北民歌形成鲜明的对比。一首首嘹亮的陕北民歌体现出黄河流域特色鲜明的陕北性格，是陕北文化翱翔的翅膀。

50

黄河边的安塞腰鼓何以被称为“天下第一鼓”？

安塞腰鼓，是黄河流域文化艺术领域的一朵奇葩。20 世纪 90 年代，陕西安塞被命名为“中国腰鼓之乡”，安塞腰鼓也入选我国第一批国家级非物质文化遗产名录。安塞腰鼓因其悠久的历史、磅礴的气势、强大的精神力量，被称为“天下第一鼓”。

安塞腰鼓记录着悠久的历史。鼓作为传统乐器在我国已有上千年历史，广泛应用于战争、祭祀、祈福、狩猎，后逐步发展为一种乐器，不断融入舞蹈、武术、曲艺中，受到广大民众的喜爱。安塞位于陕西北部，地处西北要塞，黄土高原腹地，乃兵家必争之地，自古以来征战不断，生产条件也受到制约。鼓作为打击敌人、祭祀祈福活动的重要道具，以不同的形式和内容保留并延续下来，逐渐成为一种独具特色的民间大型舞蹈艺术形式，是西北人民不屈不挠精神的重要体现。

安塞腰鼓呈现出磅礴的气势。历史上，安塞腰鼓从内容到形式不断丰富，渐渐融入舞蹈、武术、打击乐、吹奏乐、民歌等多种艺术形式，实现了视觉和听觉的双重体验，更具观赏性、艺术性。安塞腰鼓表演多采用集体表演形式，鼓手少则数十人，多时可达百余人，主要分行进表演、广场表演和舞台表演，强调整齐统一、群而不乱的队形和铿锵有力、洒脱流畅的整体效果。主要的表演动作有马步跳跃、十字梅花、跑跳步等几十种。安塞腰鼓的磅礴气势不仅体现在表演上，还体现在服饰方面。鼓手会统一着装，服饰以白色和红色为主，衣服上绣有传统图案，具有陕北地区特色，给观众整齐划一、精神饱满之感。安塞腰鼓多在喜庆节日和庙会中演出，春节到元宵是集中的活动时间，鼓手们在伞头的带领下，敲锣打鼓，大显身手，舞动在黄河之畔、黄土之上，表达着风调雨顺、国泰民安的美好愿望。

安塞腰鼓蕴含着强大的精神力量。安塞处于交通要道，历史上常常发生战乱。生活在此的陕北人，形成了忠勇果敢、坚韧不拔的个性，这与安塞腰鼓在长期的发展过程中形成了刚劲有力、气势磅礴的特点相得益彰。安塞腰鼓是根植于黄土地的艺术，黄土高原山大沟深，自然条件恶劣，人民生活艰苦，铿锵有力的腰鼓表演诉说着他们不畏艰难的精神意志。安塞腰鼓不仅蕴含着浓厚的民族精神，还充分体现了黄土高原人民不畏艰苦的精神。

安塞腰鼓历经千年，仍然舞动在这片黄土地上，舞出了品质，舞出了性格……无论时代如何变迁，安塞腰鼓迸发出的精神始终如一。

51

梨园的字正腔圆中有什么大学问？

梨园原是唐代训练乐工的机构，后世遂将戏曲界称为“梨园界”，戏曲演员称为“梨园弟子”。传统戏剧是中华艺术的瑰宝，拥有丰富的唱腔、悠扬的曲调和丰富的表演形式。黄河流域是我国传统戏剧集中分布的地区之一，剧种繁多、流派纷呈，戏剧文化源远流长、熠熠生辉。

黄河流域流行的戏曲剧种繁多，有豫剧、秦腔、吕剧、曲剧、晋剧、陇剧、山东梆子、坠子等。豫剧发源于中原，是我国最大的地方剧种，其伴奏用枣木梆子打拍，故早期得名河南梆子。豫剧以通俗易懂的中原官话表演，唱腔铿锵大气、抑扬有度、吐字清晰，具有老少皆宜的表演风格、幽默乐观的语言情趣、质朴无华的文化风貌，反映现实和贴近生活，深受广大人民群众的喜爱。

秦腔是中国最古老的戏剧之一，起于西周，成熟于秦。秦腔的表演技艺朴实、浑厚激昂、富有夸张性，以陕西关中方言为基础，同时也融入了一些我国古时的诗词曲。其语言特点与音乐风格形式多样，有欢音和苦音之分：苦音腔最能代表秦腔特色，深沉哀婉悲愤；欢音腔欢乐有力，表现喜悦明朗之情。它们共同形成了秦腔艺术独特的声腔风格。秦腔的表演形式丰富，除演唱外还伴有趟马、拉架子、吐火、咬牙转椅等，戏剧效果极强。

吕剧又称琴戏，是由山东琴书演变而来，主要伴奏乐器是主弦、扬琴、三弦、琵琶，这几种乐器是“吕剧四大件”。吕剧多用当地俚言俗语，朴实风趣，具有浓重的乡土色彩。吕剧的演唱以真声为主、假声为辅，讲究以字设腔，以情带声，自然流畅。演出剧目多取材于民间传说和历史故事，如《姊妹易嫁》《逼婚记》等。

晋剧，又名山西梆子，主要流行于山西、陕西和内蒙古自治区等地。晋剧的特点是旋律婉转、曲调柔美，具有浓郁的晋中风格，代表曲目有《渭水河》《打金枝》《临潼山》等。

陇剧是甘肃省的一个新兴戏曲剧种，其前身是陇东道情，唱法分伤音和花音，伤音曲调深沉委婉，花音曲调活泼欢快。陇剧伴奏乐器比较丰富，有琵琶、二胡、笙、板胡、扬琴、木管乐器等，表现力极强。

全长 5400 多千米的黄河，为沿途九省区留下了无数的自然景观和文化符号。在黄河文化遗产中，非物质文化遗产占有很大比例，尤其是戏曲，世代相传。弘扬中国传统戏剧文化，保护传承黄河文化，无疑是黄河国家文化公园的重要使命。

52

黄河流域的木版年画讲述了什么故事?

木版年画是中国传统民间艺术形式之一，有着悠久的历史，它的起源可以追溯到人类远古时期对自然和神灵的崇拜。木版年画由门神画发展而来，历经汉代、唐代、宋代，在明清时期达到了顶峰。随着社会历史的发展，木版年画逐渐成为一种驱凶避邪、祈福迎祥的象征，具有文化价值和艺术价值。

木版年画的内容包罗万象，题材画样有2000多种，主要来自故事传说、风俗生活、祖师神仙、自然万物等。其中，故事传说类年画大都取材于神话、民间传说、历史故事、演义小说等，如四大名著、《白蛇传》、《西厢记》、精忠报国等。风俗生活类年画大量取材于节日，如春节、元宵节、二月二、端午节、中秋节等；还有的取材于生活场景，如庙会闹市、五谷丰登等。祖师神仙题材是年画早期的表现内容，主要取材自佛、道、儒诸神以及民间俗神、行业祖师神等，如玉皇观音、土地灶君、财神门神、福禄寿三星、钟馗八仙、妈祖、黄道婆等，在年画中出现的神灵多达上百位。年画内容以日常生活感受和体验为基础，表现了人们对美好生活的希冀。

黄河流域木版年画历史悠久，产地众多，著名的有河南朱仙镇、山西晋南、陕西凤翔、山东潍坊等。其中，朱仙镇木版年画是我国木版年画的鼻祖，被誉为“中国木版年画之鼻祖”。年画的风格因地域差异而呈现不同面貌，彼此之间又相互影响融合。例如河南朱仙镇木版年画做工细腻，古朴稚拙；山西晋南木版年画色彩浓烈，造型夸张；陕西凤翔木版年画雄壮古朴，欢快明朗；山东潍坊木版年画粗犷朴实，充满生活气息。

从整体艺术风格来看，年画构图饱满紧凑，线条粗犷简单，色彩艳丽夸张，多用大红大绿大黄，给人以视觉冲击。木版年画以其自身的包容性形成了独具特色的民间艺术风格，而中华文化源远流长，不断地传承与创新也造就了今天木版年画的气象万千，使其成为我国艺术文化中浓墨重彩的一笔。

53

唐三彩真的只有三种颜色吗?

1959 年，一尊唐三彩骆驼载乐俑出土于陕西省西安市西郊中堡村的一座唐墓中。乐俑所持乐器基本出自西域，而演奏及舞蹈者皆为汉人。这尊载乐俑釉色明快华丽，被誉为唐三彩俑中的压卷之作。

那么，什么是唐三彩呢？“三彩”是多彩的意思，其釉彩以黄、绿、白三色为主，此外还有褐、蓝、黑、紫等色。唐三彩出土分布地域比较广阔，但多集中于黄河流域的河南洛阳和陕西西安，主要作为陪葬明器使用。其类型主要分为人物俑、动物俑、生活用具、建筑模型等，展现了千年前东方文化的盛世繁华。

唐三彩全称是唐代三彩釉陶器，是一种低温釉陶器，具有很高的工艺价值及艺术价值，被视为中国古代陶瓷烧制工艺的珍品。在多种颜色的运用上，唐三彩在陶瓷史上具有里程碑意义。因为在唐以前，陶瓷颜色主要以单色釉和两色釉为主。而从盛唐开始，工匠们开始重视多种色彩的运用和协调，将黄、绿、白、蓝、红等色彩进行搭配，其中可能也体现着中国色彩文化。比如黄色多理解为“天地玄黄”，黄色在五行中为土，它不仅代表土地的颜色，还代表着五谷成熟的颜色；绿色代表大自然，寓意着万物生机勃勃；红色代表着热烈、庄重、高贵……这些无一不是诠释着盛唐的绚丽多彩。

唐三彩的制作工艺十分复杂，从选料、塑形、翻模到烧制、挂釉、晾干等要经几十道工序，经过 800℃左右的窑烧而成，在烧制的过程中釉面向四周扩散，各色釉互相交融，形成别具一格的艺术风格，纯手工制作，充分体现出唐朝匠人们的高超技艺。

唐三彩还汲取了中国国画、雕塑等工艺美术的特点，成为造型多样、色彩绚丽、栩栩如生的艺术品，它对动物动态姿势的把握尤其精准，刻画得出神入化。常见有三彩马、三彩骆驼、仕女俑、乐伎俑、盘子等。在厚葬之风的背景下，唐三彩在唐朝的发展达到了高峰，可以说它从侧面展现了唐朝的物质文明和精神文明，让我们看到了一个多元、自信、开放的大唐。

唐三彩烧制技艺作为非物质文化遗产，不论是在艺术上还是文化上，都具有较高的价值。如今，唐三彩工艺品也深受人们喜爱，更是从中国走向了世界，希望这项古老的技艺在新时代焕发新活力。

54

汝瓷凭什么能够成为北宋五瓷之首？

“天青色等烟雨”是一句歌词，它仿佛把人们的记忆拉回了千年前，诉说着汝瓷的前世今生。汝窑是宋代“五大名窑”（汝、官、哥、钧、定）之首，有“天下宋瓷，汝窑为魁”的美誉，因产于河南汝州而得名。

汝窑是北宋的官窑，以天青釉色著称，此釉色介于蓝、绿二色之间，是一种冷暖适中、清雅素净的色调，有“青如天、面如玉、蝉翼纹、晨星稀”的美誉，体现着独特的宋代审美。汝瓷中的月白釉也颇有风格，通体温润如玉，如谦谦君子。除此之外，还有天蓝、粉青、葱绿、豆绿等釉色。汝瓷的造型工整，端庄典雅，主要有熏香炉、梅瓶、鹅颈瓶、碗、盘、钵等。它的釉面有细碎的开片纹，如冰之裂，这种纹俗称“冰裂纹”，还有“开片”蟹爪纹、鱼子纹以及蝉翼纹等，若隐若现，可谓巧夺天工。想要制作出精美的汝瓷实属不易，要经过选料、拉坯、捏塑、上釉、精修等环节，还要根据色泽要求再施釉和烧制，最终成型。汝瓷的特别之处还在于烧制的创新，烧制时加入玛瑙末，其中铁元素在高温中反应，使汝瓷产生了不一样的色彩效果。

汝瓷的魅力不单在于其胎体细腻、造型典雅、釉色纯净，更是因为它充分体现出宋代“以文治国”的思想文化境界，折射出其追求自然美、简约美的艺术理念，这是时代性格在陶瓷上的充分阐释。随着社会经济文化不断繁荣，宋代制瓷业蓬勃发展，瓷器不仅受到文人墨客的喜爱，也成为百姓家中的日用器具。从《听琴图》中的兽足香熏炉，可见宋徽宗对汝瓷的钟爱，统治者的推崇让汝瓷的发展达到了历史的巅峰。金灭北宋后，宋室南渡，汝窑数量急剧减少，其制造工艺也随之消亡。据统计，现今存世的古代汝瓷不足 70 件，造型仅存 20 余种。

汝瓷虽然是昙花一现，但在我国陶瓷史上地位显著。如今，汝瓷烧制技艺已是国家级非物质文化遗产，而人们对于汝瓷的重视正在加强，努力让更多汝瓷走入生活、走向世界。

55

少林武术与陈氏太极拳有什么不同？

在国际上，提起“中国功夫”一词，人们往往会想到少林武术和陈氏太极拳。两者都发源于黄河流域的中原地区，这里曾历经长期战乱，民间习武成风，武术理念也都深受河洛文化的影响。

少林寺，位于河南省登封市少室山下，于北魏孝文帝时期兴建，少林功夫即得名于少林寺。少林功夫的起源和发展有着悠久的历史。隋末，少林寺十三武僧助唐王李世民击败王世充，之后少林武术得到朝廷重视与支持；经过五代、金、元，少林武术博采众长，迅速发展；明嘉靖年间，少林武僧帮助朝廷抵御倭寇，勇赴沙场，为国捐躯，真正使少林功夫名扬天下。少林功夫包括拳术、器械、散打、气功、桩工等。其中，拳术代表有大小洪拳、罗汉拳、长拳、七星拳等；器械以棍法著称；气功以金钟罩、铁布衫、二指禅称奇。少林功夫强调眼法、步法、手法、身法的灵活统一，内外协调，有招式变化快、动作紧密有力等特点。“天下武功出少林”这种说法也充分体现出少林武术的兼容并包，少林武术广泛吸收各种武艺之长，加以融合提炼，形成了博深精湛的少林派系。

太极拳最早发源于河南温县陈家沟，在陈王廷的家传拳法基础上，吸收众家武术精华，并融合中国传统儒道哲学中的太极、阴阳辩证理念及易学的阴阳五行之变化、中医等思想，逐渐形成了一套集颐养性情、强身健体、内外兼修为一体的传统武术形式。王宗岳创作的《太极拳论》被视为太极拳的经典著作，也正是此作让“太极拳”一词广为流传。太极拳的修炼遵循“意、气、形、神”统一，强调与呼吸之间的配合，达到人体生理和心理的和谐共处，陈氏太极拳的招式有起势、左右野马分鬃、白鹤亮翅、手挥琵琶、左右倒卷肱等。太极拳在传统武术中具有以柔克刚、含蓄内敛、行云流水的特殊风格。

通过以上简单对比，二者的区别不言而喻：一个主张快、刚，一个主张慢、柔。少林拳被描述为“使势千着，以快为先”，而“以静制动”“以柔克刚”常常被视为太极拳的代名词。少林寺是禅宗祖庭，少林功夫充分体现了禅意。太极拳亦遵循道家的“道法自然”理念，它们虽吸收不同精神，但都体现着中国传统的辩证法思想，这是特殊的地理环境和厚重的传统文化完美融合的结果。

少林拳和太极拳有着不同的风格和技法，它们作为中国功夫的两大类型，都是中国武术的典型代表，体现出中国传统文化的丰富性和包容性。

56

黄河流域的书会艺人汇集了什么十八般武艺?

书会一词最早出现在北宋，指编写戏剧、话本等的团体组织，现在主要是指艺人们聚集在一起说书卖艺。河南马街书会和山东胡集书会是中国两大传统书会，都被评为首批国家级非物质文化遗产，有着悠久的历史。

艺人们在书会上表演，雇主会细听比较，暗中挑选中意的艺人。书会艺人或为一人表演，或为多人搭档，都竭尽所能亮出自己的绝活，目的是能够被雇主看中。艺人与雇主达成协议，双方约定时间和地点去表演，这称为“写好书”。可见，书会最早是曲艺艺人的竞技活动，后逐渐演变为以联谊为主和习俗性质的自发性民间曲艺交流活动。

马街书会上的曲艺形式以中原人爱听的河南坠子为主，同时兼有三弦、大鼓书、大调曲子、渔鼓、道情、评书、琴书、清音、快板等多种说唱艺术。其中，坠子用河南方言说唱表演，以唱为主，唱中夹说，追求秀气活泼，手脚的运用收放干净利索、点到为止，让人听着“带劲儿”；评书又称说书，说书人口才高妙，只凭一张嘴来演戏，书目以历史故事和武侠故事为主，环环相扣，引人入胜，道具极简单，以声传情，给人以身临其境之感；快板是由两块较大的毛竹板用线绳穿在一起为主要伴奏乐器，演出夹杂方言，简练生动，声声入耳。每年正月，成千上万的艺人和群众汇聚于此，以书会友。

胡集书会曲种有很多，以东路大鼓、渤海大鼓、梅花大鼓、沧州木板、木板书、相声、山东琴书、山东快书、渔鼓、数来宝等艺术形式为主。东路大鼓起源于黄河三角洲，委婉朴实、刚柔相济，似豪爽的山东汉子，说唱以长篇故事为主，其传统书目有《杨家将》《岳飞传》等；木版书因在演奏时与大鼓合用，所以也叫木板大鼓，声音抑扬顿挫，经多代艺人加工、传承而自成一派；山东快书在表演形式上讲究手、眼、身、步的运用，艺人吟诵唱词，间以说白，动作幅度较大。艺人们唱腔曲折婉转、吐字清亮、情感细腻，其语言风格具有浓浓的地域特色。

书会不仅是艺人的盛会，也是一个集民间音乐、商业贸易、文化娱乐于一体的民间曲艺活动。书会具有浓厚的地域气息、独特的民间艺术魅力。书会历经百年更迭却生生不息延续至今，这和其浓厚的文化底蕴密不可分，如何传承和发扬书会也是我们后人应该思考的问题。

57

黄河流域有哪些皮影戏流派?

有一种古老的戏曲表演形式被称为“摇曳在光影中的东方艺术”，这就是我国著名的皮影戏。

皮影戏是我国出现最早的戏曲剧种之一，距今有2000多年的历史。皮影戏始于西汉，兴于唐朝，盛于清代。在传统社会，大到官邸王府，小到乡村城镇，皮影戏班比比皆是。逢年过节和喜庆丰收都少不了搭台唱影，热闹非凡。

皮影戏是由平面偶人光影表演来达到艺术效果的戏剧形式，道具通常是民间艺人手工雕刻彩绘而成的皮制品。艺人们在幕后，一边操纵影人，一边用当地流行的曲调讲故事，配以打击乐器和弦乐，利用特技操作和声光效果来达到独特的艺术效果。艺人们的操耍技巧和唱功好坏，决定了皮影戏班水平高低。高手一人同时操耍数个影人，动时紧锣密鼓、上下翻腾，静时优雅婉转、动人心弦。皮影戏演出内容主要有历史演义、民间传说、神话寓言等，常见的传统剧目有《白蛇传》《杨家将》《三国演义》《西游记》。现代戏和寓言剧汲取了地方戏曲、民间小调、音乐体系等的精华，形成了不同的地域特色，代表有《东郭先生》《小二黑结婚》等。

我国许多地方戏曲剧种都是从皮影戏中派生出来的，但各派别的脸谱和行头的造型又来源于戏曲艺术。总的来说，皮影和戏曲在脸谱、服饰、行当符号元素和表演形式等方面借鉴融合。皮影行当分生、旦、净、髯、丑。其脸谱与服饰造型生动形象，或纯朴粗犷，或细腻浪漫，脸谱包括正白脸、奸白脸、小花脸、黑净脸等。艺人们以丰富的想象力塑造了活灵活现的人物和动物形象，体现了民间艺术的浪漫主义精神，使皮影戏成为一种匠心独运的美学形式。

皮影戏因各地唱腔的不同而形成了不同流派，是十分受欢迎的民间娱乐活动之一。在黄河流域，皮影戏形成了山西、山东、甘肃、陕西、河南等流派。山东皮影以泰山皮影为代表，皮影造型和表现手法更为写实，多采用京剧脸谱、剪纸艺术或是少数民族形态；甘肃皮影以陇东皮影为代表，因皮影个大、雕工讲究、颜色朴实而成为比较有特色的皮影流派；山西皮影在孝义一带流传，发源于黄土高原，主要材质是牛皮和驴皮，内容多取材于传统民间故事，深受当地群众喜爱。

皮影戏成为穿越千年的艺术，是中华艺术文化中不可或缺的瑰宝，传承皮影艺术是黄河国家文化公园需要肩负的使命。

第三篇 科学技术

58

黄河流域如何孕育了四大发明?

四大发明是中国古代劳动人民的重要创造，也是中国对世界作出突出贡献的重要科技成果。四大发明诞生在黄河流域，是黄河科技文明的突出代表，在黄河文明史上具有极其重要的历史地位。

四大发明的概念来源于西方学者，后来逐渐被人们接受。意大利数学家杰罗姆·卡丹早在 1550 年就指出，中国对世界具有影响的三大发明是司南（指南针）、印刷术和火药，并认为它们是“整个古代没有能与之相匹敌的发明”。17世纪，英国哲学家培根在《新工具》一书中提出：“印刷术、火药、指南针这三种发明已经在世界范围内把事物的全部面貌和情况都改变了。”2007年，英国《独立报》评出了改变世界的101个发明，中国的造纸术、印刷术、指南针、火药及算盘均在列。

造纸术、印刷术、指南针、火药是公认的中国古代四大发明。造纸术是利用木屑、纤维等材料制作纸张的方法，是书写材料的一次伟大革命。早在西汉初年，我国就发明了造纸术。1986年，甘肃天水放马滩出土了汉景帝时的纸，这是迄今所知最早的纸。105年，东汉蔡伦改进了造纸术，后人称这种纸为“蔡侯纸”。

隋唐时期，出现了雕版印刷。868年印制的《金刚经》，是世界上现存最早的雕版印刷品。11世纪，北宋平民毕昇发明了活字印刷术，比欧洲同类发明早了4个多世纪。东传朝鲜、日本，西传埃及、欧洲，印刷术的发明对人类文化的传播和保存作出了重大贡献。宋元时期，我国已有套色印刷技术。山西应县木塔内发现了辽代的红、黄、蓝三色佛像版画，这是目前发现的我国最早的雕版彩色套印印刷品。

火药最初是由我国古代炼丹家发明，在唐中期书籍中已有制火药方法的记载。火药在唐末运用于军事，南宋时发明了“突火枪”，13世纪传入阿拉伯和欧洲。火药的发明和传播，改变了中世纪的战争模式，是军事史上划时代的一件大事。

战国时人们制作出了指示方向的司南，后来用磁石指南原理制成指南针。在北宋时期，指南针已运用于航海。13世纪，指南针传入阿拉伯和欧洲。指南针的发明和传播，为欧洲航海家探索新航路提供了重要条件。

四大发明的诞生与黄河有着密不可分的关系。不论是出土文物的位置还是所处的朝代，都与黄河息息相关。可以说，黄河是中国古代四大发明的温床。

59

古人用什么耕作法来对抗干旱?

现代科学技术的发展以及各种转基因作物的出现，使得干旱不再会对农作物产生极大的影响。而在古代却并非如此，在长期的农业发展历程中，古人利用勤劳和智慧来对抗干旱，与干旱进行了漫长而持久的斗争。

旱灾可以算得上是困扰中国时间最长的自然灾害之一。据《中国救荒史》一书统计，从公元前 206 年到公元 1959 年这 2100 多年间，旱灾发生次数接近中国灾害总数的 20%。在中国古代社会，小农经济一直占主导地位，虽然通常能够自给自足，但其抵抗自然灾害的能力是有限的。在“靠天吃饭”的农业大国，我们的先民在与旱灾搏斗的过程中，积累了丰富的抗旱经验。

“炎旱历三时，天运失其道。”根据史料记载，中国历史上曾发生过几次重大旱灾，即所谓“极旱”。例如汉献帝兴平元年（194），三辅大旱，人相食啖，白骨委积；明末清初发生崇祯大旱（1637—1643），造成全国性的粮食减产，其持续时间之长、受旱范围之大极为罕见；19 世纪 70 年代中后期发生了近代最大的旱灾，史称丁戊奇荒。华北多地处于颗粒无收的状态，河流接近干涸。由此可见，旱灾的危害之大。

古人一直重视土地耕作。土地可以蓄水保水，是抗旱的重要力量。在长期的探索中，人们掌握了一系列耕作法来对抗干旱，主要有以下几种。

第一，畎亩法。畎亩法是由畎和亩两部分组成，畎是沟，亩是垄（在耕地上培成的一行一行的土埂）。这种方法的要求是，在高田里，将作物种在沟里，而不种在垄上；在低田里，将作物种在垄上，而不种在沟内。

传说这个方法来自后稷姬弃。据《山海经·大荒西经》记载，弃从小喜欢农艺，长大后教人们耕种田地的方法。后稷是中国田亩制度的创始人，对中国农耕发展具有深远影响。

第二，代田法。到了西汉时期，农学家赵过提出了代田法。该方法把耕地分为圳（小沟）和垄（田地分界处高起的埂子），圳垄相间，第一年将作物种沟里，让垄休息，培养肥力；第二年就将原来的圳改为垄，垄改为圳，然后继续在圳底播种。如此轮番交替，地力自然能得到恢复和增进。

第三，区田法。区田法就是把田分成一块一块或一行一行，再把作物种植在内的一种农作法。山西省侯马市的金代董氏家族墓有砖柱刻文“上判交百姓忙和种区田”，这证明区田法在民间广为流行。直到现在，我国北方地区农民播种谷子、小麦的方法，有些和区田法的原理也是一致的，如“等距离点播农作物”就是严格规定好所种作物的行距、株距等，以保证作物可以有良好的通风透光条件。

可以看到，不论是畎亩法、代田法还是区田法，都是从土壤蓄水出发来达到抗旱目的。

60

羊皮筏子为何成为黄河上千年的交通工具？

黄河是一道天然的屏障，是黄河两岸交通往来的阻隔。人们若要跨越这个障碍，就需要借助渡河的交通工具。作为黄河沿岸最为古老的渡河交通工具，羊皮筏子具有悠久的历史。羊皮筏子唐朝之前称作革囊，宋代后称为浑脱，后来逐渐演变成了现在的羊皮筏子。在陆路交通不发达的年代，羊皮筏子曾是黄河沿岸居民重要的水上交通工具，送人渡河、运载货物已有上千年历史。

羊皮筏子以羊皮和木筏作为原料，经由一系列加工制成，可以像船一样渡人和载物。筏子有大有小，最大的羊皮筏子由 600 多只羊皮袋扎成，小皮筏则用 10 多个羊皮袋扎成。直到 20 世纪 60 年代，羊皮筏子依然活跃在黄河之上。

很多人坐过羊皮筏子，但很少有人知道它是如何制成的。在沙坡头景区，有着 20 多年“筏龄”的童进定自小跟着父亲学会了做筏子、划筏子。他说，羊皮是整个羊皮筏子的核心材料，制作羊皮筏子一般选用羯羊皮。

选好羊后，只从羊颈部开口时动一次刀，余下的全靠撕、拉、撵、扯、挫等一系列动作，一点点把羊皮从羊身上分离出来，使一张羊皮完整如初。在经过剥羊皮、褪羊毛、灌盐和灌油这几道工序后，再装袋捂 3 个多月，待皮质纤维化，变得更加结实，此时扎口、充气，就可下水使用了。

历经时代更迭，如今，羊皮筏子不再作为主要交通工具，而成了黄河沿岸一道亮丽的风景线，吸引了不少游客前来体验。

为了更好地保护人们曾经熟悉的羊皮筏子，一些地区已将其列为非物质文化遗产保护项目。不论是羊皮筏子传承人，还是其制作工艺、驾驶技术以及人文的生存状态，对于我们来说都是一笔非常宝贵的文化财富。

61

人们如何用埽工来约束黄河?

黄河水患多发，在对黄河的防御过程中，人们修建了众多御水建筑。埽工是黄河上最古老的御水建筑。埽工以薪柴（秸、苇、柳）和土石为主体，以桩绳为联系，不仅可以抗御水流对河岸的冲刷，防止堤防坍塌，还常用于堵复溃决的堤坝。

埽工技艺早在春秋时期就有应用，埽工之名则起于北宋时期。埽工在宋代已普遍使用，卷埽技术已比较成熟。宋代一般为“梢三草七”。元代用梢较少，不及草的十分之一。明代制埽，无柳梢时用芦苇代替，不再用竹索，而以麻绳代替，石料用得也较少。清代逐渐用秫秸代替柳梢，清代中叶以前基本是卷埽，清代中叶后，逐渐改为厢埽。近现代埽工演变成风搅雪，逐渐形成柳石滚厢埽。随着科技的发展，大型机械运用到了埽工中，机械化埽工应运而生。例如 2004 年兰考蔡集 54 坝抢险做埽时，成功运用了饺子网埽新技术，将埽工技艺进一步延续、提升。

黄河埽工传统技艺的起源可追溯至汉代。在汉代，泥沙修筑的大堤抵挡不住激流的冲刷，工匠们就采用薪、柴、土、石作为防护土堤的工事，久而久之就形成了埽工技艺。经过千百年来劳动人民的不断改进，埽工的结构越来越完善，用途越来越广泛。埽工的捆厢船固定、绳揽布置、打家伙桩、绳扣、铺柳秸料、压土石等关键技艺，除了可以进行堤防抢险、堵塞决口、施工截流之外，还能在水利工程出现险情或决堤后，采用薪柴、土石、桩绳等材料通过一系列的工序、经过科学合理的连接组合，进行护岸、堵口、截流等工程，从而起到减少黄河水患，保护黄河两岸人民群众

图 3-1　开封非遗——埽工

生命和财产安全，造福子孙后代的作用。

黄河埽工传统技艺是劳动人民在与黄河洪水长期斗争中创造出的一种独特的河工技术，人们用它来约束黄河、守卫家园。

62

怎样在黄河上建造“第一桥”？

在甘肃省兰州市白塔山下的黄河上，有一座贝雷式钢桁架公路桥，这是黄河上的第一座公路桥——中山桥，号称“千古黄河第一桥”，同时也是仅次于上海外白渡桥的第二座城市钢桥。

白塔山黄河铁桥始建于1907年2月，1909年6月竣工。桥长230多米，宽7米多，平行弦杆贝雷式钢桁架为桥体，石墩石台，共有5跨。桥面上铺2层木板，两边有扶栏，“旁便徒行，中驰舆马”。桥的两端建有牌坊，上面的横匾分别题有“三边利济”“九曲安澜”的字样。

在建造白塔山黄河铁桥以前，该处有一座镇远浮桥。镇远浮桥是因军事所需于1368年建成，是西部和西北各省来往的要道。但冬天黄河结冰，浮桥难以常年使用，十分不便，清朝官员便商议请外国商人修建黄河铁桥，后因其索价太高而未能修建。

1905年夏天，泰来洋行的德国商人喀佑斯到甘肃游历，与有关部门签了修桥合同。自此，我国从国外购料，开始建造铁桥。当时，各式桥梁材料由海路运来我国，在天津上陆，经铁路运到河南郑州，然后再用骆驼、大轴踏车等运输工具送到兰州。由于路途遥远，运费昂贵，造桥的工料共用银16.5万两，其中运费则用了14万两，这种高比例的运费在世界建桥史上十分罕见。

白塔山黄河铁桥建成以后，大大便利了两岸交通。但因桥梁的承载能力较低，超过8吨重的汽车便不能过桥。到新中国成立时，两个桥墩已出现裂缝，危及大桥本身，政府不得不对过桥车辆限重、限速、限数。1954年，当地用了半年时间修好了开裂的桥墩，在原来钢桁架的水平肢上加了一根弯曲形的上肢，桥面改用钢筋混凝土板，使桥面的纵横梁变为组合梁，提高了承载能力，20吨重的汽车可以畅行无阻。1981年，大桥经受了黄河上游特大洪水的考验，安然无恙。

白塔山黄河铁桥桥面铺的是铁板，中间行驶车辆，两侧是人行道。不过，为了保护这座大桥，2004年，白塔山黄河铁桥结束了近百年的通车历史，改为永久的步行桥。游客漫步在中山桥，时而伸手触碰灰色钢架，凝视钢架上被油漆覆盖的战争炮火留下的烙印，体会其百年变迁；时而驻足在大桥中央，透过钢架，仰望苍穹，感受历史沧桑；时而伫立于人行道，手把大桥扶手，低头注视静静流淌的黄河水……还有那沿河两岸的杨柳、高楼大厦、白塔山上的古建筑群，总让人生出山河壮阔、岁月静好的感慨。

63

黄河怎样实现了无坝引水?

黄河流域的民众经常说“我是喝黄河水长大的”，大家都认同“黄河是我们的母亲河”这一说法。可是，人们是如何将黄河水引到生产生活所需之处的呢？说到这里，就不得不提一项伟大的技术——无坝取水。无坝取水是指不设拦河闸或壅水坝，从天然河道中直接引水的取水枢纽。

选择无坝取水口是进行无坝取水的关键一步，准格尔地区的无坝取水就是一个典型的例子。黄河准格尔旗段位于库布齐沙漠地带，河流总体走势自西向东，左岸以冲积平原为主，地势平坦开阔，大部分辟为耕地，土地有盐渍及沙化现象。右岸为鄂尔多斯高原的低山丘地区，地形起伏较大，沟谷发育下切强烈，呈树枝状，土地沙化严重。

黄河准格尔旗段河道上，右岸可供选择的取水口由上游至下游有邬二圪梁、二道拐、头道拐和黑圪崂湾取水口。针对该河道演变的研究表明，从平面位置看，二道拐取水口所在河段河道在 1982 年以前的主流摆动幅度较大，1982 年以后的主流摆动幅度较小，2000 年以后的主流逐渐向左摆动，河道靠近左岸取水相对可靠；而 2000 年以后，黑圪崂湾取水口所在河段河道主流向左摆动，但摆动幅度不大，河势相对平稳，河道靠近右岸取水相对可靠。综上可知，黑圪崂湾取水口所在河段右岸作为准格尔地区的黄河无坝取水口，可靠性最高。

无坝取水相较于有坝取水而言，有众多优势。首先，无坝取水对天然河道环境影响小。无坝引水枢纽建筑物占地少，工程施工时对建筑物以外河道原状地质地形地貌扰动小；无坝引水枢纽建筑物在保证引水流量的同时，利用泄洪冲沙闸冲出部分泥沙，因闸孔过流能力较小，水流对闸下游河道造成冲刷影响范围小。其次，无坝取水建筑物类型少，投资低。泾河灌区无坝引水枢纽建筑物由进水闸、泄洪冲沙闸、潜没式固床导流坎构成。进水闸、潜没式固床导流坎高程根据正常引水位确定，经计算，正常引水位低于设计洪水位，因此枢纽建筑物工程量小，投资低。最后，无坝取水对河道两岸耕地无影响。大多数情况下，工程建成后，进水闸前水位保持在正常引水位，且远低于两岸耕地地面高程，耕地壤土覆盖层以下主要以沙砾石层为主，不会产生向上的渗透，因此在正常引水位时，不会对两岸耕地产生不良影响。

64

黄河上筑造了哪些先进的大坝？

大坝几乎是每条大河上必有的建筑，利用大坝发电、防洪、泄洪等，可以给人民带来福祉。黄河作为我国的第二大河流，拥有著名的“万里黄河第一坝”——三门峡大坝和龙羊峡大坝。那么，为什么会有两个“第一坝”呢?

三门峡大坝是我国在黄河干流兴建的第一座大型水利枢纽工程，被誉为“万里黄河第一坝”。20 世纪 50 年代，人们在黄河兴修水库，蓄水拦沙，让清水出库、让黄河除害兴利被提上了日程。当时中国聘请苏联专家帮助规划黄河治理。之后，在苏联专家的指导下，选定在三门峡筑坝，修建可以防洪、发电、灌溉的综合性水利工程。设计中的三门峡大坝发电装机容量相当于 1949 年全国发电装机总容量，令人振奋。1957 年，三门峡大坝开工，1961 年建成。坝长 713.2 米，最大坝高 106 米，副坝长 144 米，规模巨大。

龙羊峡大坝位于龙羊峡峡口，是黄河上游第一座大型梯级电站，也被誉为“万里黄河第一坝”。龙羊峡大坝主坝长 396 米，最大坝高 178 米，水库总容量 247 亿立方米，装机容量 128 万千瓦，年发电量达 60 亿千瓦时，是我国重要的水力发电站。龙羊峡大坝是我国自行设计、施工的大型水利枢纽，由北京勘测设计院和西北勘测设计院设计，水电四局承建，设备由东方电机厂制造。龙羊峡电站以发电为主，兼有防洪、防凌、灌溉、养殖、旅游、航运等综合效益，为西北电网的调峰、调频和下游防洪、防凌、灌溉及缓解下游断流发挥了重要作用，是黄河干流其他水电站都无法替代的。龙羊峡大坝为青海经济发展奠定了基础，同时也为龙羊峡地区的旅游、养殖和改变区域环境创造了条件。

65

黄河小浪底如何实现科学调水调沙？

西霞湖、大坝湿地公园、张岭半岛度假区、黄河三峡等著名的旅游景点因黄河小浪底水利枢纽工程而闻名。黄河小浪底水利枢纽工程位于黄河中游最后一段峡谷的出口处，上距三门峡水利枢纽 130 千米，下距郑州花园口 120 多千米，是黄河干流在三门峡以下唯一能够取得较大库容的控制性工程。小浪底水利枢纽工程战略地位重要，工程规模复杂，水沙条件特殊，运用要求严格，被中外水利专家视为世界上最复杂、最具有挑战性的水利工程之一。

那么，小浪底是如何实现科学调水调沙的呢？首先，黄河泥沙主要是在汛期时，因中游龙门至三门峡河段发生洪水携带而来的。因此，洪水必须在蓄清排浑的方式下，从水库里泄掉，否则水库会严重淤积。

其次，黄河下游河道在洪水时期输沙能力最强，汛期的水流含沙量比年均值大 1.5 倍。如果能按汛期输沙效率进行输沙，可以节约原本输送泥沙的水资源，将其用于经济生产。

再者，高含沙水流在接近一个平衡的泥沙流量值时，可以冲刷塑造下游河床，扩大黄河平滩流量，提高排洪能力；而在不平衡的情况下，可能冲河南淤山东（小流量、低泥沙含量，比如小浪底水库平时非调水调沙情形下的运用模式），或者反过来淤河南冲山东（大泥沙含量、大流量，天然大洪水过程）。

然后，利用水库将汛期涨水过程和水库蓄清排浑在汛前降低库水位运行所需要放水流量结合调度，可以形成人造洪峰。进而可以利用多级水库调度，在小浪底水库形成异重流排沙，排出水库泥沙，减轻水库淤积速度，提高拦沙服务年限，这种调度需要水库在人造洪峰过程时空衔接上密切配合。水库淤积中粗沙淤积快，细沙淤积慢，调水调沙中的水库排沙过程，可以提高水库对粗砂的拦截效率，减轻下游河床淤积。

最后，利用天然洪水过程、小浪底水库流量调节、水库接力异重流输沙，可以形成接近排沙平衡值的人造洪峰。在控制洪峰流量不漫滩的情况下，可以有效冲刷河床，稳定和塑造中水河槽。

调水调沙实际上是利用水库蓄水蓄泥沙、流量调节两个功能来形成一个接近泥沙输运理想值的人造洪峰过程，将水库和下游河道中淤积的泥沙，冲到海里去，缓解水库、河道的泥沙淤积，同时塑造一个稳定的中水河槽，改善滩区的防洪风险。

小浪底水库调水调沙之前，水库虽然发挥拦沙作用，但下游 6 个控制站当中有 4 个同流量水位是上升的（淤积），调水调沙之后平滩流量恢复。

图 3–2　小浪底水利枢纽

小浪底水库蓄水后，2003 年，黄河下游中段蔡集险工曾因游荡型河道河势变化出险，危及滩区安全。在小浪底水库泥沙淤积减缓的情况下，冲刷下游河床大量泥沙入海。

调水调沙实际上还不完善，万家寨至三门峡河道无大型水库，泥沙含量、流量过程衔接较困难，下游游荡型河段的整治工程与调水调沙配合还在摸索。

66

各灌区运用了哪些引黄灌溉技术？

河套平原是引黄灌溉的重要区域。在黄河流域有很多这样的灌区，它们运用先进的技术，实现引黄河水灌溉，促进了黄河沿线的农业发展。

宁夏引黄古灌区是我国四大古老灌区之一，已有 2000 多年的灌溉历史。自秦汉起，宁夏先民就在青铜峡凿渠引水，10 余条引黄古渠就是由青铜峡而发，密织如网，灌溉土地广阔，逐步发展为现在的引黄古灌区。

由于雨量少、蒸发强，宁夏引黄古灌区一带的土壤自古就存在盐碱化现象。而引黄古渠可以通过引进黄河水来溶解、洗刷盐碱，改良土壤。然而，过去部分区域大水漫灌、有灌无排，使地下水位升高，导致盐碱向表土积累，加剧了土壤盐碱化。从 20 世纪 70 年代开始，人们采取渠灌沟排、井渠结合、暗管排水以及平整土地、定时耙地等方式，逐步治理盐碱地，使引黄古灌渠系统得到了更好地利用。

据统计，现在的宁夏引黄古灌区范围达8600平方千米，引黄干渠25条。兴修水利以利灌排，是宁夏引黄古灌区的通用做法。一些地方升级水利工程，将原来小而散的地块变成了渠相通、路相连、旱能灌、涝能排、渍能降的连片高标准农田。如今，整个灌渠配水系统得到优化。例如唐徕渠的渠道控水闸经历了从木闸堰、水泥浆砌石闸堰到钢筋混凝土闸堰的演进；闸门控水方式经历了从人工插木杠挡闸、人工启闭木闸、自动远程控制闸门再到测控一体化闸门的变化历程。

历朝历代，宁夏的先民都没有放弃对黄河的引流和利用。汉代的激河浚渠、北魏的灌溉制度、西夏的卷埽、明代的石闸水则、清代的封俵轮灌等一直沿用至今，成为丰富的水利文化遗产。宁夏引黄古灌区灌溉工程遗产是黄河流域主干道上的第一处世界灌溉工程遗产，是物质文化遗产和非物质文化遗产的双重结合体，体现着黄河悠久的农耕文明和地方民众的水

图3-3　兰考三义寨引黄闸

利智慧。

此外，黄河下游的河南省豫东引黄灌区也是重要的引黄灌区，其灌溉工程有范围广、影响大、使用期长等特点。三义寨引黄灌区是 1958 年兴建的特大型灌区，灌区涉及河南、山东两省的开封、商丘及菏泽 3 个地区的 18 个县（市）。

菏泽市下辖谢寨、闫潭、杨集、刘庄、苏泗庄以及苏阁 6 个大型引黄灌区，近年来，菏泽市相继实施了引黄灌溉工程水利信息化建设工作，实现水情、工情信息采集与处理的数字化、网络化、集成化、智能化。

67

怎样可以探测黄河堤防隐患？

黄河堤坝工程作为防洪工程，对黄河两岸人民生命财产安全起着至关重要的作用，因此关注黄河堤坝的安全、探测黄河堤坝隐患十分重要。运用现代地球物理方法对堤坝进行物理检测，查明隐患，可以为黄河汛期防守、堤防除险加固及维护管理提供依据。

黄河堤坝受多种因素的影响易出现隐患，危及堤坝安全。例如山东黄河堤线是在原民埝的基础上逐步加高培厚而成的，虽经多年的加固处理，仍存在许多险点隐患及薄弱环节，原因如下：一是受当时的技术设备和社会环境等条件限制，历史上修筑的老堤普遍存在用料不当、压实度不够等问题，修堤土质多属沙壤土，渗透系数大，局部用黏土修筑的堤防，易形成干缩裂缝；二是山东黄河堤基复杂，特别是老口门较多，有大量的秸料、木桩、麻料、砖石料等埋于堤下，形成强透水层，口门背河留有洼地；三是獾类、鼠类等动物在堤防上打洞，造成堤防上洞穴隐患较多。另外，堤身内还有人为挖的战壕、防空洞、藏物洞、墓坑、树坑等空洞，这些洞穴较为隐蔽，不易发现。这些隐患造成每遇洪水，险情迭出。

车载式阵列地质雷达隐患探测车是进行堤坝隐患探测的重要装备。该装备是针对堤防工程防洪安全隐患而研发的高技术专业普查探测装备，它以车载式阵列地质雷达为核心，利用载波相位差分技术，具有高清视频采集、图像采集和精确坐标定位功能，可快速高效地对堤防工程进行全覆盖地毯式普查探测，快速发现地下安全隐患。利用此类先进技术对黄河堤坝进行隐患探测十分重要。黄河下游堤线漫长，大部分在历代原有民埝的基础上逐步加高培厚而成，堤基复杂，特别是老口门堤基在堵口时使用大量的柳料、秸料、木桩、砖块、石块等，存在较多的强透水层，獾类、鼠类等动物洞穴、空洞多有出现。虽多次采取淤背固堤、压力灌浆、截渗墙修筑等措施进行加固处理，仍存在许多隐患及薄弱环节。上述隐患位置不确定、类型不一、大小不等，若利用传统方法消除隐患，会受投资规模以及对原有堤防局部破坏等因素制约。如何对堤防隐患类型、位置、分布等进行准确探测尤为重要。

68

封俵轮灌有哪些奇妙之处?

黄河沿岸农田的灌溉一直是古人不断探索的问题。提到灌溉技术，就不得不提唐正闸。

进入银川平原后，黄河沿着唐徕渠一路奔涌劈分，穿吴忠，进银川，直到贺兰县习岗镇黎明村满达桥才兵分两路：一路为西北方的第二农场渠；一路为东北方的唐干渠。“独行塞上”的徒步渠线路是长 154 千米的唐干渠，它绕平罗县城后在高庄乡幸福村从第三排水沟入黄。令人吃惊的是，滔滔入境宁夏回族自治区的黄河，到末尾竟然是一人可跨的小水沟。

“上游的爷爷，中游的爹，下游的孙子跑烂靴。”这句在灌区人人皆知的顺口溜，生动形象地反映了渠道农田灌溉的状态、稍段淌水的困难。

为使渠道灌溉均衡受水、保证农业生产用水，宁夏引黄古灌区的人们想了很多方法。

封俵轮灌制度是从明清时期沿用至今的一项灌溉管理制度。放水后，先将上中游和下游上半部分的支渠斗口封闭，逼水到稍，这叫封水。在封水的同时根据干渠进水量，对上中游灌溉多和田高灌水较难的支斗渠，酌情分配适当的水量，使与稍段同时灌溉，这叫俵水。水的分配工作要十分小心，稍有失误即水泽难周，因此有“封俵如号脉”的说法。如此有秩序、有规划地开口放水，保证了沿岸百姓均衡受益。

69

林则徐是如何治理黄河泛滥的?

林则徐以“罪臣”身份流放伊犁途中，参与开封祥符黄河堵口的事迹，令人赞叹。林则徐前往伊犁途中，道光帝下令：“林则徐著免其遣戍，即发往东河效力赎罪。”道光帝下此次指示是由于不羁的黄河在这年夏季再次制造水患，给中原两岸尤其是开封带来了灭顶之灾。

消息传到京师后，朝廷震动。道光帝饬令东河河道总督文冲到开封堵治溢口，并派军机大臣王鼎等赴祥符督办河工。但文冲等人主张放弃开封，移民洛阳，另立省城。王鼎到开封后力排众议，极力主张堵口，并上奏朝廷，请求速拨经费，建议调林则徐来襄办堵口复堤事宜。王鼎所提之议得到了道光帝批准。王鼎如此信任并极力推荐林则徐，是因为林则徐曾任河南布政使、任东河河道总督期间曾驻开封，他勤政为民，治黄政绩显明，深得王鼎器重。已将自己置之度外的林则徐在王鼎的支持与信任下，不顾体弱多病，全力投身于这一治黄工程中。

当林则徐戴罪来到祥符工地的时候，黄水滔滔，救灾工作刻不容缓，他不顾旅途疲惫立刻投入抗灾治水。他察看地势、溃情，测明决口长度，制定堵口方案。并向王鼎建议购料、挑河，趁秋天少雨之际，组织两岸灾民开挖引河，堵塞急流。林则徐在治黄救灾的过程中也遇到了重重困难：财力紧张、吏治腐败；他作为“罪”臣，身份特殊，无权决策；狂风暴雨威胁着刚筑起的堤坝等。因此，这份差事对林则徐来说是个重大考验。

由于种种阻力，堵口工程进展缓慢。至年底，工程仅完成三分之二。林则徐在王鼎的支持下，夜以继日地奔波在堵口工地，时常与民众一起挖泥担土。八个月后，祥符堵口工程终于合龙，祥符堵口大工终于完成，两省二十三州民众得到解救。厚实稳固的黄河大堤，从此福泽开封。

后来，开封人民为纪念林则徐筑堤救城之功，把他堵口修复的这一段黄河堤称为“林公堤”。今人在开封市金明大道与黄河大堤交叉口东南角修建了林则徐治河文化广场，主要展现林则徐的治河功绩、清廉刚正的高尚风范、“苟利国家生死以，岂因祸福避趋之”的报国情怀和为国鞠躬尽瘁的崇高品德。它和开封柳园口水利风景区连为一体，成为开封市北部最重要的生态休闲场所。

70

麦草方格怎样创造了治沙奇迹？

在宁夏回族自治区境内黄河北岸，有一个曾经名不见经传，后来却轰动世界的地方——沙坡头。沙坡头所在的腾格里沙漠是我国第四大沙漠，沙坡头地处腾格里沙漠东南边缘。这里干旱少雨，年均降雨量仅为187毫米，年均蒸发量却高达1980毫米，是降雨量的10倍多，当地长期处于荒漠化威胁中。

沙坡头的自然环境极其恶劣，当地饱受风沙折磨的人们调侃说，“早起一推门，推不动，沙给堵了。再开个门，没几天，又堵了。沙丘齐墙高，晚上顺着就上房顶了。”这是沙坡头以前的真实写照，也是世界沙灾的真实写照。但就是在这样的环境中，诞生了人类治沙史上的奇迹，结束了当地长久以来“沙逼人退”的局面，这一奇迹的创造则源于一种令人不可思议的方法——麦草方格治沙。

麦草方格是怎么发明的呢？它的出现是个偶然。一天，人们正在休息，有人随手捡起了驼队洒落的一捆麦草，用铁锹把这捆麦草种进了沙子里。大风过后，人们发现其他种下的草本植物都被黄沙吞噬了，这捆麦草却坚强地挺立在沙丘上。受此启发，林场职工开始尝试用麦草扎出各种形状固沙。试验证明，1 米见方的麦草方格固沙效果最好。

麦草方格沙障治沙是我国首创的一种治沙方法，它是用麦草、稻草、芦苇等材料，人工在沙漠中扎成方格形状来固定沙丘的治沙方法。麦草和流沙经过长年累月的地质作用，逐渐形成灰褐色的物质固定地表，把流沙固定在底下，遇到雨水充沛的时候，地表就能长出草木，这就是“沙结皮”。理论上说，扎上一片麦草方格，经过 20 年的演化，就能形成厚度约 1 厘米的“沙结皮”。但实际上，真正形成 1 厘米厚的“沙结皮”，需要的时间更久。

用麦草方格治沙一方面增加了地表粗糙度，削减了风力，降低了风速；另一方面截留了水分，提高了沙层含水量，这有利于固沙植物的成活，是涵养水分的好方法。

俗话说，寸草遮丈风。经过艰苦的探索、试验，麦草方格固沙法终于挡住了腾格里流沙进攻的脚步。

1994 年，时任联合国副秘书长兼环境规划署执行主任伊丽莎白 · 多德斯韦尔向中卫固沙林场颁发“全球环境保护 500 佳”荣誉证书。之后，50 多个国家和地区的数百名专家学者先后来参观考察，称赞这是“人类治沙史上的奇迹”。

沙坡头独创的麦草方格固沙法被各国广泛应用在固沙事业上，这是中国人为世界沙漠治理作出的突出贡献。

71

穿黄工程如何实现南水北调?

2022 年 8 月，南水北调中线穿黄工程顺利通过水利部验收，至此南水北调东、中线一期工程全线 155 个设计单元工程全部通过水利部完工验收，标志着中线穿黄工程全线转入正式运行阶段。南水北调中线工程从长江支流汉江上的丹江口水库引水，沿伏牛山和太行山一路北上，在郑州市附近穿越黄河，其中中线穿黄工程位于郑州市黄河上游约 30 千米处。

南水北调中线穿黄工程是人类历史上最宏大的穿越大江大河的水利工程，凝结着无数人的心血和智慧。该工程的任务是将中线调水从黄河南岸输送到黄河北岸，后向黄河以北的地区供水。该工程是南水北调中线上的标志性工程，是我国首次运用大直径盾构施工穿越大江大河的工程。

穿黄工程主体工程由南北岸渠道、南岸退水洞、进口建筑物、穿黄隧洞、出口建筑物、北岸防护堤、北岸新老蟒河交叉工程以及孤柏嘴控导工程等组成。其中，最引人瞩目的也是难度最大的穿黄隧洞用了直径 9 米的盾构机来进行挖掘，隧洞采用双层衬砌，外衬为预制钢筋混凝土管片，内衬为现浇预应力钢筋混凝土。隧洞为双洞平行布置，各采用 1 台泥水平衡盾构机自黄河北岸竖井始发向南岸掘进施工。

根据设计，隧洞每年有 15—30 天检修期，每 3—5 年安排 30—60 天大修，以减少穿黄工程隧洞出现安全隐患的概率。所以，科学设计再加上严格施工，4250 米的隧洞，2156 环管片，片片精准，环环相扣，严丝合缝，保证了隧洞滴水不漏。

穿黄工程历经多年的建设和运行，经历了极端天气（包括汛期和冰期）

的考验，整体运行平稳，质量可靠，产生了显著的效益。

◎ 延伸阅读

南水北调工程

南水北调是中国的战略性工程，分东、中、西三条线路。工程规划区涉及人口 4.38 亿，调水规模 448 亿立方米。工程规划的东、中、西线干线总长度达 4350 千米。东、中线一期工程干线总长为 2899 千米，沿线六省市一级配套支渠约 2700 千米。工程有东线、中线和西线三条调水线路，通过三条调水线路与长江、黄河、淮河和海河四大江河的联系，构成以“四横三纵”为主体的总体布局，以利于实现中国水资源南北调配、东西互济的合理配置格局。南水北调中线工程、南水北调东线工程（一期）已经完工并向北方地区调水。西线工程尚处于规划阶段，没有开工建设。南水已成为京津等 40 多座大中城市和 280 多个县市区超过 1.4 亿人的主力水源。

72

如何电子化追溯黄河污水?

黄河流域是我国重要的经济带和生态屏障，在我国经济社会发展和生态安全等方面具有举足轻重的战略地位。相关研究指出，黄河流域城镇污水垃圾处理还存在问题，设施短板弱项突出，资源化利用水平不高，运行维护能力不强，机制体制还不够健全，与黄河流域生态保护和高质量发展的要求还存在一定差距。

2021 年，有关部门印发了《“十四五”黄河流域城镇污水垃圾处理实施方案》，提出主要目标如下：到 2025 年，城市建成区基本消除生活污水直排口和收集处理设施空白区，城市生活污水集中收集率达到 70% 以上；县城污水处理率达到 95% 以上，建制镇污水处理能力明显提升；上游地级及以上缺水城市再生水利用率达到 25% 以上，中下游力争达到 30%；城市污泥无害化处置率达到 90% 以上，城镇污泥资源化利用水平明显提升。治理污水是黄河流域面临的重要课题。

黄河干流和汾河、渭河、湟水河、涑水河、延河、清涧河、湫水河、三川河等的沿线城市是黄河污水治理的重点，如何利用大数据开展污染防治监测，是黄河流域城市正在积极探索的问题。甘肃省是黄河的重要水源涵养区，也是我国西北地区重要的生态屏障。为了保护黄河生态环境，国网甘肃省电力公司探索运用社会责任管理理念及工具，研发了“电眼看黄河”系统。

该系统利用电力大数据和环保大数据，对沿黄河流域重点排污企业及散乱企业进行用电信息及环保监测分析，深入分析污染源、环保设施、污染物集中处理设施用电数据与排污情况的相关性，形成包含排污企业生产、经营、能耗、排污等多个维度的数字画像。

2021 年 9 月，“电眼看黄河”通过建立数据传输专线，与甘肃省环保大数据管理平台互联互通，成为全景、全干流、全企业共同参与的防污治污红线和底线预控防控体系，积极为打赢污染防治攻坚战和黄河流域高质量发展做好技术支撑。

73

黄河流域如何打出水土流失治理的“组合拳”？

多年以前，在黄河流域的宁夏回族自治区山区老百姓中流传着这样一句话：“山是和尚头，缺水如缺油，风吹黄土走，大雨满山流。”这是对水土流失情景的无奈描述。相关文件显示，经过多年治理，黄河流域水土流失面积和强度实现“双下降”，水土流失严重的状况已明显好转。黄河流经的省市纷纷努力，正在打出水土流失控增、减量、降级“组合拳”。

宁夏回族自治区位于我国丝绸之路生态防护带、北方防沙带和黄土高原—川滇生态修复带“三带”交汇点上，这里少雨干旱，是全国水土流失最严重的省区之一。除引黄灌区外，宁夏北部风蚀，南部水蚀，南部山区尤为严重。近年来，当地坚持治理水土流失，大力推动小流域综合治理、坡改梯和淤地坝建设，南部山区探索出“山顶封山育林、山坡荒山造林、山脚退耕还林、山村生态移民”的治理方式，打造了“工程引水、水库蓄水、地窖存水、智能节水、生态养水”的水生态建设模式，蓄水保土功能显著增强。

内蒙古自治区黄河段长度占黄河全长的六分之一，沿线有草原、湿地、河流、湖泊、沙漠、戈壁等多种地貌。据统计，内蒙古自治区的乌兰布和沙漠直接危害黄河的流沙区域长 20 多千米，流沙侵入黄河，淤积河床，对上下游构成严重威胁。近年来，巴彦淖尔市磴口县将乌兰布和沙区作为治沙主战场，坚持不懈地开展水土保持生态建设。内蒙古自治区着力落实严格的水资源管理制度，加快推进黄河流域入河排污口排查整治和黄河河道问题集中整治，持续加强黄河流域监测体系建设。

陕西是我国水土流失最严重的省份之一，该省国土面积仅占全国的 1/50，但土壤流失总量却占全国的 1/5。黄河治理的根子在流域，中游的治理重点在陕西，而陕西的治理关键在于水土保持。陕西以草固沙、以林拦沙、以坝留沙，持续推进水土流失综合治理，进入黄河的泥沙量不断减少。据相关负责人介绍，陕西省内黄河流域年均入黄泥沙量在 20 多年时间里已下降 2/3。通过工程措施、林草措施双管齐下，陕北的水土流失得到进一步治理，入黄泥沙量显著减少。相关专家指出，黄河水土治理归根结底要依靠科技，科技不断为水土流失治理和生态恢复提供新的模式、技术途径。

黄河流域的生态关系到华北、东北、西北乃至全国的生态安全，把黄河流域建成我国北方重要的生态安全屏障，在祖国北疆筑起万里绿色长城，对全国发展大局具有重要的战略意义。黄河流域要继续打好水土流失治理的“组合拳”，让更多山河披绿的故事精彩上演。

第四篇

绿色生态

74

黄河的源头究竟在哪里?

“黄河之水天上来，奔流到海不复回”，这句古诗生动地描绘了黄河的波澜壮阔。但是你知道黄河的源头在什么地方吗?

黄河源头在哪里曾有争议。1952 年，国家科考队认为约古宗列曲是黄河源头。约古宗列曲长 326.09 千米，流域面积 2372 平方千米，宽 1.5 米，深 0.2 米，流量为 2.5 立方米每秒。而卡日曲长 362.63 千米，流域面积为 3126 平方千米，宽 3 米，深 0.5 米，流量为 6.3 立方米每秒。1978 年，河源考察队深入河源地区勘察，查清在河源地区西部，有3条河流汇入星宿海，它们是扎曲、约古宗列曲及卡日曲。扎曲流程最短且水量小，只能算约古宗列曲的一条支流。约古宗列曲和卡日曲相比，卡日曲较约古宗列曲长近30千米，流域面积多700平方千米，水量也大2倍多。因此，确定卡日曲为黄河正源的依据较为充分。

卡日曲是藏语，意为“红铜色的河”。它位于青海省腹地，源头是5条从山坡切沟流出的小泉，最初的河道只不过是一条宽约1米、深不及1米的潺潺溪流。这条溪流从平坦而又狭长的卡日曲河谷，由西南向东北而流，沿途接纳大大小小的众多支流，逐步汇成一条宽约10米、深1米多的小河。卡日曲河水清澈见底，游鱼可数，两岸有无数大大小小、形状各异的“海子”，河水穿过100多千米的峡谷，在巴颜禾欠山与约古宗列曲汇合，注入玛曲。

约古宗列是藏语，意为“炒青稞的锅”。这是当地藏族群众根据这里的地形而起的一个形象的名字。约古宗列是一个东西长40千米、南北宽约60千米的椭圆形盆地，周围山岭环绕。盆地内有100多个小水泊，远看像无数闪亮的珍珠嵌在里面。水泊四周，是绿草如茵的天然牧场。在盆地的西南面，距雅拉达泽山约30千米的地方，有一个面积不大的小泉，喷涌而出的泉水汇合了盆地内浸渗出来的无数细流，逐渐形成了一条宽约10米，深约半米的溪流。约古宗列在星宿海之上与卡日曲汇合后，形成黄河源头最初的河道——玛曲。玛曲，当地藏族群众称其为孔雀河。这一段河道，河宽水浅，流速缓慢，形成了大片沼泽草滩和众多水泊。登高远眺，只见数不清的水泊在阳光下闪闪发亮，玛曲向东流过河谷进入著名的星宿海。

星宿海，在历史上曾被用来表示整个黄河源头地区，是黄河出山东行后的第一个加油站。这里是一个盆形湿地，在盆地中相对更低洼的地方有

图 4-1　鄂陵湖

水，还有很多大大小小的水坑和水塘。

有“千湖之县”之称的青海省果洛藏族自治州玛多县孕育了黄河，而黄河一路奔流，孕育了中华民族，成了中华儿女心中的母亲河！

75

黄河在哪里初遇险谷？

黄河奔流而下，遇到了第一个险谷——龙羊峡。龙羊峡位于青海省共和县境内的黄河上游，上距黄河发源地 1684 千米，下距黄河入海口 3376 千米，是黄河流经青海大草原后，进入黄河峡谷区的第一个峡谷。“龙羊”是藏语，意思是险峻沟谷。龙羊峡长 40 千米，黄河在其间穿过，河谷宽 9 千米，河谷两岸，一边是起伏的山川，一边是连绵不断的莽原，中间是一片宽阔的盆地，整个峡谷宛如巨大的天然库区。峡口附近峭壁陡立，两岸距离仅有 30 多米，岸高 150 多米，是建设水电站的绝佳坝址。

1976 年，国家决定兴建龙羊峡水电站，坝址就选于此峡口，水电建

图 4-2　龙羊峡

设者在“龙羊”之后加上一个专业术语“峡”字，于是有了今天的“龙羊峡”。电站建成后，这里成为黄河上游第一座大型梯级电站所在地，龙羊峡水电站也被称为“万里黄河第一坝”，人们称之为黄河“龙头”电站。

天峡高湖，风光秀丽。黄河龙羊峡段既有险峻的峡谷，又有海拔 2000 多米的开阔谷地，很早以前就是青藏高原东北缘的黄河上游区域适合人类生存的家园。

龙羊峡水库是黄河上游的一个伟大工程。从人工湖的面积来看，龙羊峡水库，是黄河的重要组成部分。高海拔加上辽阔的水面，堪称独特的云天高湖，是丰富而奇特的景观。

自古以来，青藏高原的每一次剧烈抬升，都切割山脉形成峡谷。据地质考证，黄河已经形成 4 万多年了，龙羊峡的黄河河道在这 4 万多年里从未发生改变。因其险峻雄奇，龙羊峡也被赞为“中国的科罗拉多大峡谷”。

龙羊峡已成为热门的旅游景点，大坝锁黄河，高峡出平湖。碧波荡漾，若乘游船绕湖一周，可见苍穹碧野，会发现黄河水在这里是“清”的。清清的黄河水，是大自然的赠予，是人们对黄河保护的馈赠。

76

黄河之水怎样映衬了丹霞风光？

黄河，不止遇上了三峡，还遇上了丹霞，奇观迭现，何其壮美。贵德，人称“高原小江南”。当你走近此地，会发现山色由绿变成了暗红，似凝固的血色，又逐渐由红变黑；山形巨大如鬼魅怪兽般立于峡谷公路两旁，必须小心翼翼穿越而过，似乎一不小心就会惊扰了这守护大门的睡兽。这是贵德最著名的地貌——丹霞地貌。

丹霞地貌是如何形成的呢？县境黄河段两岸小积石山有一段红色山峦，山体是红色的岩石，这种红色岩体，地理学上称为“丹霞地貌”，它其实是一种水蚀地貌。丹霞地貌形态奇特，奇峰、高山、洞穴、峭壁交相辉映，山岩有宝塔、堡垒、雄鸡等各种形状。

贵德国家地质公园位于青海省贵德县，主要地质遗迹面积 113.6 平方千米，公园总面积 554 平方千米，公园内有阿什贡景区、麻吾峡景区、黄河河谷景区等。同时，贵德国家地质公园位于青藏高原的东北缘，其所处的独特地质背景形成了贵德独具特色的地质地貌景观。贵德盆地的演化不仅记录了青藏高原隆起的历史和演化过程，也记录了黄河在该段的发育历史及贵德地区自然和地质环境的演化历史。

阿什贡景区是公园内最具代表性的丹霞地貌景区，位于园内的阿什贡峡。阿什贡峡自山谷狭长的羊圈湾开始，西至达卡沟口，峡内尕让河像一条黄色的带子蜿蜒南下。河水的切割，使两岸的山峦多为刀削斧劈般的悬崖，加上一些风蚀砂岩和较为平缓的山坡，绵延数十里，十分壮观。在阿什贡景区，最具代表性的是峰丛地貌。峰丛具有不同的颜色，故被称为七彩峰丛地貌。

七彩丹霞瑰丽壮观，从青海省省会西宁去往贵德必然穿行其间。特别是夏天，雨后的色彩更加鲜艳。大地的神奇之笔，画出了如此美妙的山河。

77

黄河首曲留下了什么样的湿地?

黄河自青海成流后就一直向东，向着大海的方向一往无前地奔流着，在流出青海进入甘肃的玛曲县后，因地势原因山峦阻隔，绕玛曲县转了一个流程为 430 多千米的大半圈绕回青海，从而形成了万里黄河中的第一曲，这里因此被称作黄河首曲。

黄河首曲玛曲县地处青藏高原东北边缘的甘肃省甘南藏族自治州，是全国唯一一个以“黄河”命名的县城。“玛曲”在藏语中是“黄河”的意思。黄河在玛曲段注水增流量占黄河源区径流量的 58.7%，蜿蜒流淌的黄河水在这里获得了充分的补给。因此，玛曲被誉为“黄河之肾”，是黄河重要的水源补给区。

黄河首曲保护区位于玛曲县境内。该保护区地势高，海拔均在 3300 米以上，最高峰乔木格日峰海拔 4806 米，属高寒湿润气候。流经保护区的主要河流有黄河及其支流黑河、安茂曲、克勤曲、哇尔河、曲尔河等。保护区水面宽 80—350 米，水深 3.5—8 米。自然土壤主要为高山草甸土。

保护区内海拔 3300—3700 米处，植被为以线叶蒿草为建群种形成的蒿草草甸；海拔 3700—3900 米处，植被为以矮生蒿草建群种的矮生蒿草草甸。保护区内药用植物有 200 多种，主要有冬虫夏草、雪莲、黄花蒿等。高等动物有 110 多种，其中兽类 42 种，属国家级重点保护动物的有 12 种。保护区内有两栖动物 3 种，鱼类 10 多种。

黄河首曲保护区是青藏高原湿地面积较大、特征明显、最原始、最具代表性的高寒沼泽湿地，是国家级自然保护区，是黄河上游重要的水源涵养区和补给区。保护是为了更好地发展也逐渐成为草原儿女的共识。只有保护好这片辽阔丰饶的草原，才能让母亲河的乳汁长流，也才能确保黄河流域的生态安全和黄河儿女的幸福美好生活。

78

从哪里开始“跳进黄河洗不清”？

在甘肃省永靖县，有一个景色十分壮观的地方，这里就是刘家峡。刘家峡位于黄河上游，距兰州市 75 千米，地处高原峡谷，这里的“泾渭分明”令人叹为观止。

站在龙汇山观景台上，可以看见一条黄色的河流和一条绿色的河流呈“Y”字形交汇。在两条河流的交汇处，河水一清一浊，互不交融，形成了一条“泾渭分明”的分界线。不少游客在见到此景之后，不由惊叹：黄河之水可真是黄啊！然而，事实却颠覆了人们的认知。

这两种不同色彩的河水分别是黄河、洮河。很多人认为黄色的是黄河，绿色的是洮河。但其实黄色的才是洮河，绿色的却是黄河。人们习惯性地认为黄河之水应该是土黄色的，但没想到黄河的水在这里是如翡翠般绿而清澈的。为什么会出现这样反常的景象呢？这是由于两条河流之前流经区域不同，所以两条河流之水的颜色一黄一绿。“黄洮交汇”仿佛两条巨龙，一条发黄，一条色绿，在这里界限分明。

黄河从青藏高原奔流而下，上游地区植被覆盖率高，水土侵蚀相对较弱，在这片水域，黄河平静安宁，河水清澈。等到经过黄土高原，黄河携带大量泥沙，才变得非常浑浊，呈现出不同于上游的色彩。洮河是黄河的重要支流，流经黄土高原西侧，携带了大量泥沙，因此当洮河跟黄河相遇的时候，就出现了“黄河清，洮河黄”的景象。

这里北有黄河三峡，南有长江三峡。黄河从青海一路奔流到临夏，穿过小积石山，出炳灵峡，转向东北流，汇纳大夏河、洮河，又突然呈直角转向西流。在永靖县域107千米的河道，黄河用神奇的大手笔，奇迹般地造化出了炳灵峡、刘家峡、盐锅峡等独具魅力的黄河峡谷景观。

刘家峡水库湖水碧绿，它东起刘家峡大坝，西至炳灵寺峡口，呈西南一东北走向，湖岸线长55千米，水面最宽处6千米，水域面积130多平方千米，蓄水量约57亿立方米。水库湖面辽阔，气候宜人，水质好，是甘肃省最大的水产养殖基地和水上度假旅游胜地。

人们常说“天下黄河贵德清”，但在永靖，水电大坝造就了高峡平湖的美景，这里的黄河在清澈之外，更多了一份宁静。

79

黄河怎样缔造了塞上江南?

1000 多年前，唐代诗人韦蟾在《送卢潘尚书之灵武》中描述了当时宁夏一带的景致："贺兰山下果园成，塞北江南旧有名。"在大西北的高山荒漠旁边，虽然地处半干旱地区，但还有江南风光般的肥沃土地，这就是塞上江南宁夏。

塞上江南，初名塞北江南，最早指今宁夏回族自治区北部黄河河东灌区，今泛指宁夏黄河平原，包括宁夏回族自治区北部银川市、吴忠市、石嘴山市和中卫市一带。这里自古修渠，利用黄河水灌溉，农牧业发达，湖泊众多，风景优美，如同江南。

黄河自黑山峡进入宁夏回族自治区，流程 397 千米，之后由石嘴山三道坎出境，其间冲淤形成了宁夏平原。以青铜峡为界，青铜峡以上被称作卫宁平原，青铜峡以下是银川平原。宁夏平原南高北低形成了适度坡降，古人利用独特的地理条件，借助天然的沟渠和高度差距把黄河水引入各地的农田，让黄河为当地的人民服务，可谓是"天下黄河富宁夏"。经过历代不间断地开发利用，宁夏平原的黄河文明终于成型，传享千载。

宁夏回族自治区蕴藏着丰富的资源，黄河年过流量 325 亿立方米，适宜自流灌溉和提灌；有优质草场，是全国十大牧区之一。在这里人们不仅可以领略大漠金沙、黄土丘陵、水乡绿稻、林翠花红等各具特色的景观，而且还会惊奇地发现，这些不同的景色交织出一幅塞上江南的五彩画卷。

这里依黄河而生，因黄河而兴。历朝历代的宁夏人民都没有放弃对黄河的利用。对于当地人来说，引流利用黄河的水资源正是生产生活的一部分。悠久厚重的引黄灌溉实践，生动演绎着宁夏历史发展的进程，造就了塞上江南的神奇。塞上江南是安居乐业的沃土，各族群众在这里守望相助、手足相亲，在民族团结的氛围中建设着美丽的宁夏。

80

黄河与黄沙在沙坡头怎样共鸣?

黄河和沙漠本不应该存在于同一处，但在宁夏回族自治区中卫市城西 16 千米处，有一个名为沙坡头的地方，地处宁夏回族自治区、内蒙古自治区、甘肃省的交界点，而黄河与腾格里沙漠相接于此。这里不仅是国家 AAAAA 级旅游景区，更是国家级沙漠生态自然保护区、中国最大的天然滑沙场。黄河与沙漠相连接的奇观到底是什么样的呢?

沙坡头，古时称沙陀、沙山。长约 38 千米、宽约 5 千米，海拔 1300—1500 米，其中一段长 600 米、宽 500 米、高近 150 米，坡度约 60°，因此得名沙坡头。黄河穿过沙漠，在这里形成一个“S”形大回弯，从高处看特别像太极图。

沙坡头紧邻黄河，水资源丰富，农作物常年丰收。同时这里水陆交汇，是通往河西走廊的交通要塞，也是丝绸之路的必经之地。沙坡头集大漠、黄河、高山、绿洲为一处，具西北风光之雄奇，兼江南景色之秀美。据说，唐代著名诗人王维就是在这黄河之边、大漠之缘，写出了那流传千古的佳句“大漠孤烟直，长河落日圆”。

图 4–3　沙坡头

沙坡头独具魅力之处在于，黄河与黄沙在沙坡头共鸣。在观景台上不仅可以看到一望无际的闪着金光的沙漠，还可以看到平缓的黄河水，慢慢地滋润着两岸沃土，沙与河在这里奇妙地融合在一起。所以，沙坡头景区分为了沙漠区和黄河区。

走进沙漠区，可以看到一支整齐的驼队在沙漠中行走，游客可以选择骑上“沙漠之舟”，跟着骆驼一起欣赏沙漠景观，骆驼的脚印在沙漠中绘出了别样的风采，为平静而又一览无余的沙漠带来了新的生机。在沙漠深处，有天然的滑沙场，不但可以快乐滑沙，还可以自由“涂鸦”，更可以奔放越野。

走进黄河区，可以乘坐羊皮筏子，在黄河上畅游，追波逐浪，眼观翻腾的河水，只觉岸边高山、绿树缓缓向后移动，畅快无比。横跨黄河两岸的滑索也值得体验，可以实现人们凌空飞渡黄河的梦想。

沙坡头，不仅有震撼的自然风景，也有深厚的文化沉淀，更有治理沙漠的重担！

◎ 延伸阅读

黄河流域的沙漠

黄河流域有许多沙漠，而沙漠治理也是黄河流域的重要工作之一。黄河流域的沙漠主要有毛乌素沙地、腾格里沙地、乌兰布和沙漠、库布齐沙漠等。

81

晋陕大峡谷为何被称作“黄河百里画廊”？

黄河流经内蒙古自治区、山西、陕西交界处，形成了晋陕大峡谷。晋陕大峡谷是落差最大、地势变换最复杂的黄河段，有“黄河百里画廊”的美誉，曾被评为中国最美十大峡谷之一。

晋陕大峡谷段黄河从内蒙古自治区托克托县开始，流至山西河津禹门口，东邻吕梁山脉，西部是黄土高原。这里海拔最高为 2799 米，最低为 414 米，面积可达 11.16 万平方千米，全长 726 千米，是黄河干流上最长的连续峡谷。

“黄河百里画廊”是由水与石的较量所形成的雄壮景观。九曲黄河从青藏高原出发，穿越河套平原，从鄂尔多斯高原奔涌而下，在托克托河口段形成“几”字弯，并在此奔流而下，形成了黄河峡谷的典型风貌。晋陕大峡谷深切于黄土高原之中，将黄土高原一分为二，一边是具有复杂地貌类型的山西，一边是富有民俗特色的陕北，谷深皆在 100 米以上，谷底高程由1000米逐渐降至400米以下，河床最窄处仅30—50米。根据其内部区位、地形、地貌等条件，以南北为方向，分为不同的区段：北部区域处于农耕与游牧民族相连交融地带，水土流失严重，地貌沟壑纵横；中部地区是典型黄土高原地貌，有黄河长碛；南部区域地势平坦，自然条件优越。

晋陕大峡谷河段的流域面积占黄河整体流域面积的15%，而来沙量竟占全黄河的56%，所以在这里，黄河才真正被浸染为黄色。晋陕大峡谷最著名的自然景观之一是黄河太极湾，黄河在这里大大地转了两个“S”形弯，河道变得狭窄，河谷深切，两岸石灰岩峭壁高达100—150米。黄河两岸沟谷密布，沟谷多与黄河直交，在河口处形成高达数十米的悬谷。除了黄河太极湾，在晋陕大峡谷中段还有一个几乎被人们忘却的碛口古镇，它位于黄河与湫水河交汇处。黄河在这里陡然变窄，形成一段布满暗礁的河道，大量商船在这里靠岸转运货物，造就了碛口这个重要的晋商码头。

晋陕大峡谷是黄河流域的一条深邃厚重、纵横千年的文化走廊，浓

图4-4　黄河百里画廊

缩了灿烂的黄河文明和厚重的黄土文化，有着广阔的辐射力、吸引力和凝聚力。

◎ 延伸阅读

黄河流域峡谷游览线路推荐

茫尕峡—多石峡—麦多唐贡玛峡—官仓峡—拉加峡—野狐峡—拉干峡—龙羊峡—阿什贡峡—松巴峡—李家峡—公伯峡—积石峡—寺沟峡—刘家峡—牛鼻子峡—朱喇嘛峡—盐锅峡—八盘峡—柴家峡—桑园峡—大峡—乌金峡—红山南峡—红山北峡—黑山峡—虎峡—青铜峡—晋陕大峡谷—三门峡—晋豫峡谷

82

黄河在壶口怎样奔腾?

壶口瀑布是以黄土高原沟壑纵横的地貌形态为背景，在黄河强大水流的不断冲击下，形成的壮观独特的、含沙量极高的瀑布。壶口瀑布东濒山西省临汾市吉县壶口镇，西临陕西省延安市宜川县壶口镇，为两省共有的旅游及地质资源。

壶口瀑布源自青藏高原的九曲之水，越过千沟万壑，聚众多碛流，气宇轩昂地横穿中原大地，奔流至此，两岸石壁峭立，河口收束狭如壶口，故名壶口瀑布。壶口瀑布处于晋陕大峡谷的南段，在这一带，黄河西岸下陡上缓，狭谷谷底宽约400米，崖岸很陡，龙王坡以上谷形展宽，谷坡平缓，黄河的横剖面呈谷中谷的形态。壶口以上，水在宽槽中流动，到了深槽上端，400米宽的水面一下子全部注入30—50米宽的深槽中，同时深槽周围杂砂岩和泥岩易被风化剥蚀，使石质山体形成高台阶，进而形成瀑布。在壶口瀑布正中、黄水起伏的地方，有一块油光闪亮的石头，在急流中上下浮动，这就是“龟石”。这块石头能随水位的涨落而起伏，不论水大水小，总是露着那么一点点。远远望去，两侧的黄水滚滚扑来，掀起重重浪花犹如二龙戏珠。

据推测，壶口瀑布已有6.5万年的历史。壶口瀑布会因为气流等原因出现流凌、冰挂、西边浊浪翻滚东边白浪滔滔等奇特景观，有阳光时，在瀑布上空会出现七彩巨虹，与瀑布交相辉映，更是奇观中之奇观，非常美丽，令人惊叹。壶口瀑布日照充足，冬春雨雪少，易旱且有风沙、寒潮侵袭，气象灾害频繁，夏秋温凉多雨。

壶口瀑布四季景色各异。春季，为瀑布落凌期，河道里冰层断裂，冰凌坠落。夏季，壶口瀑布进入汛期，会因为叉流、槽端溢满形成多个瀑布。秋季，瀑布高悬30余米，水帘挂入云端，景色壮观。冬季，整个水面全部冰冻，结出罕见的巨大冰瀑。

壶口瀑布是中国的第二大瀑布，也是世界上最大的黄色瀑布。壶口瀑布及其附近丰富的地质遗迹资源，不仅有极高的科学研究价值，还是河流地貌及瀑布形成和演变的历史见证。

83

黄河上的“鲤鱼跳龙门”在何处?

在“鲤鱼跳龙门”年画中有这样的形象：两尾可爱的大胖鲤鱼奋力跳出波浪，努力地朝着巨大的龙门跳去。“鲤鱼跳龙门”，象征着一种不屈的精神，愈挫愈勇。很多人以为“鲤鱼跳龙门”是一个传说故事，龙门是古人想象出来的虚构地名。实际上，现实中真实存在着龙门，就位于陕西省和山西省的交界处。

在山西省河津市城西北12千米，即是黄河峡谷中的龙门，今称禹门口，这里是“鲤鱼跳龙门”的出处。“鲤鱼跳龙门”有吉祥的寓意，预示着人们终于跨过险阻，获得成功。尤其是对学业而言，“鲤鱼跳龙门”意味着金榜题名、衣锦还乡，命运从此改变。

“鲤鱼跳龙门”的故事中富有奋斗精神的鲤鱼们就来自黄河。黄河经过内蒙古自治区托克托县后，由北向南流去，河东岸是管涔山、吕梁山，河西岸是黄土高原。黄河作为两省的界河向南流去，在形成了著名的壶口瀑布后，黄河在山西省河津市和陕西省韩城市之间形成了一个巨大的宽阔地带，看上去就像一个狭长的湖泊，那群可爱的大胖鲤鱼跳的龙门就在这里。龙门还有一个名字叫禹门口，一看就知道与大禹有关。相传古时候，天下发洪水，大禹奉命治水。大禹来到黄河边上的龙门山，看到河水汹涌，他命人开凿龙门山，后来河水就顺着龙门山平缓地流淌了。

龙门处黄河之险，龙门以北的黄河段流经黄土高原，地势较高，到了龙门以下，黄河的地势变得低平。黄河在龙门段形成了巨大的冲力，这是龙门以下黄河段变宽的原因之一。由于处在这样特殊的地理环境中，龙门自古就被人称为“大河之要津，中游之险塞”。河津这个地名，就和龙门山的这种地势有关。

84

天鹅为何留恋三门峡湿地?

自 2010 年以来，每年到三门峡黄河湿地越冬的白天鹅数量在 5000 只左右。因此，三门峡被中国野生动物保护协会授予“中国大天鹅之乡”称号，是全国第一个获得此项称号的城市。我国湿地众多，可为什么白天鹅独独青睐三门峡湿地呢?

绿水青山引来候鸟万千，良好的生态环境是关键因素。大天鹅对生存环境的要求很高。据了解，大天鹅喜欢栖息于 0℃—5℃的水面，而三门峡市地处中纬度内陆区，属暖温带大陆性季风气候，气候十分宜人。全市生态环境良好，森林覆盖率居河南省第一位。而且历年 11 月至次年 2 月平均气温为 2.5℃—3.0℃，黄河在这里封冻概率很小，因此三门峡黄河湿地成了候鸟迁徙、越冬的天堂。

候鸟的到来与当地的资源也有很大关联。据三门峡野生动物保护站站长分析，三门峡大坝建成以后，这里形成了独特的库区型气候。浅水和沼泽地带有大量的植物根茎、草籽和鱼虾，还有沿岸农民秋收落下的大豆、花生、玉米粒等，这为候鸟提供了食物来源。

黄河流域实施湿地修复工程，也为候鸟的迁徙提供了有利条件。绿水青山就是金山银山。近年来，三门峡以落实黄河流域生态保护和高质量发展重大国家战略为统领，多措并举，建成黄河流域生态绿色一体化发展示范区、黄河流域生态保护样板区、山水林田湖草沙综合治理试验示范区，打造“水清、滩净、岸美、山绿、河畅”的“生态崤函”，为天鹅提供了适宜生存的环境。

当地居民对候鸟的保护同样是它们迁徙至此的一个重要因素。白天鹅义务巡护员纪正群说：“白天鹅年年飞到三门峡，保护好白天鹅是咱三门峡人共同的责任。”在三门峡，像纪正群这样的义务巡护员还有很多，他们同很多市民一样，早已把保护白天鹅、守护白天鹅当成自己的分内之事。三门峡人珍惜热爱白天鹅，从 2016 年春节开始，三门峡为保护白天鹅，在市区禁放烟花爆竹，广大市民积极配合参与。

清澈的河水、广阔的水域和丰富的饵料，为鸟类提供了适宜的生存环境。三门峡为白天鹅提供了舒适安逸的家，白天鹅为三门峡带来了无尽的生机与活力，这就是“美丽天鹅城”的魅力。加强白天鹅保护工作，也是时代赋予三门峡的神圣使命——像保护眼睛一样保护黄河湿地，像对待生命一样对待白天鹅。

◎ **延伸阅读**

黄河流域的湿地

黄河流域湿地面积较大，黄河流域的湿地保护在我国湿地保护工作中占有十分重要的位置。黄河流域的湿地主要有扎陵湖湿地、青铜峡水库湿地、汾河湿地、三门峡库区湿地、黄河口湿地。

85

“船在天上行”的地上悬河在哪里？

黄河是中华民族的母亲河，不仅养育了两岸的人民，还在黄河下游冲积出一片肥沃的土地，这片土地就是华北平原。华北平原养育了山东、河南、山西、河北、北京、天津四省两直辖市的人口。黄河虽然冲积出一片平原，但每年携带的泥沙仍然不断堆积，这就导致黄河的河床远高于两岸的土地，人们把这种现象称为地上悬河。

据资料显示，黄河每年携带的泥沙高达 16 亿吨，每立方米的含沙量达到了 35 千克。那么，这些泥沙是哪里来的呢？其实，黄河中所携带的大量泥沙，大部分来源于中游的黄土高原。黄土高原土层深厚，因植被破坏、土壤沙化、地表沟壑纵横，极易造成水土流失，这些流失的泥沙大部分沉积在了黄河下游，造成了地上悬河。

图 4-5　开封悬河

那么，下游的地上悬河有多长呢？据资料显示，黄河下游地上悬河达到了惊人的 800 千米。黄河冲出郑州邙山后进入平原，河流流速变缓，泥沙大量沉积，导致开封段的河床以每年 10 厘米的速度增加，河床比两岸的地面高出 7—8 米，最高的地方高于地面 10 多米。就开封城而言，从明朝至清朝末年，就被黄河淹了 7 次，“开封城，城摞城”诉说着黄河地上悬河带给开封的严重灾难。既然地上悬河给人们带来这么大的灾难，那么为什么国家不清理河床堆积的泥沙，让河面恢复到正常水位呢？

目前来看，用科学的手段不断加固黄河大堤是最切实有效的办法。在黄河上游，“恢复植被，固定水土”是根本举措。从源头着手、从植被保护入手，黄土高原的泥沙治理、水土保持工作已经迫在眉睫。黄河“一碗水半碗沙”的历史已经延续千年，黄河的治理绝不是一朝一夕可以完成的事情，它是需要中华民族世世代代艰苦努力去完成的事情。

86

黄河在哪里“奔流到海不复回”？

“黄河之水天上来，奔流到海不复回”。从地理角度讲，海陆间的水循环使得海洋上的水汽上升到空中，这些水汽与一部分陆上的水汽汇集，一些通过降水的形式降到地上，汇集到江河里，另一些则形成高山积雪，最终融化并汇集到江河里，所以黄河之水“天上来”。又因为中国的地势是西高东低，黄河发源于西部，根据重力因素，水往东部流，所以说黄河由西向东“奔流到海不复回”。

黄河是我国的母亲河，养育了中华儿女，孕育了中华民族的精神。那么，黄河在哪里注入大海呢？

在历史上，黄河经过了 26 次大改道。在唐代以前，黄河是路过河北，从沧州进入渤海；在宋代，黄河自然改流，从天津进入渤海，南面的支流从滨州入海；在明代，黄河是通过淮河入渤海；在清代，黄河通过利津入渤海。黄河的入海口一直在河北和山东两省变动。

现今黄河入海口位于山东省东营市垦利区黄河口镇境内，地处渤海与莱州湾的交汇处，由1855 年黄河决口改道而成。黄河入海口的淤积、延伸、摆动，使入海流路相应改道变迁。黄河河口入海流路，是 1976 年人工改道后经清水沟淤积塑造的新河道，利津以下为黄河河口段，是一个弱潮陆相河口。

东营市是黄河三角洲的中心城市。因为黄河带有大量的泥沙，泥沙沉淀就变成了新的土地，因而东营市的面积每年都会增加。

图 4-6　黄河入海口

黄河入海口基本上都是盐碱滩，大部分地方还没有建筑物。这里有著名的黄河三角洲国家级自然保护区，是鸟儿的天堂，每年都有数万只鸟在附近停留栖息。21世纪的黄河入海口，已发展成为一个美丽富饶的经济带和旅游胜地。

第五篇

时代精神

87

黄河如何奏响了现代的旋律？

黄河是一条传统的河流，也是一条现代的河流。黄河给人类留下过苦难记忆，也为人类镌刻过绚丽华章。从古至今，黄河无时无刻不影响着沿线人们的生活。在斗志昂扬的新时代，黄河正在奏响高亢的旋律，成为造福人民的幸福河。

黄河文化节会持续举办。多年来，黄河沿线涌现出了一系列黄河文化节会。黄帝故里拜祖大典、中国国际黄河文化节、黄河戏剧节、黄河文化旅游节、三门峡国际黄河旅游节等节会，通过节事活动弘扬黄河文化，不断创新手段传播黄河文化，提升了黄河文化的传播力和影响力。例如每年农历三月初三，人们在河南省新郑市黄帝故里举行拜祖大典。黄帝故里拜祖大典被列为国家级非物质文化遗产，并发展成全球性的文化盛典，它让遍布各地的中华儿女在血脉同根、文化同源中安住身心，成为讲好“黄河故事”、弘扬中华文明的大国盛典。

黄河非遗展现活力。黄河流域历史文化源远流长，非物质文化遗产丰富。在黄河上游，青海省逐步完善非遗保护传承体系，形成了独具特色的青海非遗保护传承发展模式，让古老非遗焕发了新活力。在黄河中下游，河南省通过创意产品连接“黄河非遗”与“老家河南”，打造了一系列非遗创意产品，将非遗的资源优势转换为区域发展优势，推动优秀传统文化创新性发展。

黄河文艺节目出圈出彩。随着春节版《唐宫夜宴》出圈，河南卫视以中国传统节日为切入点，推出“奇妙游”系列节目。这些节目创意频出，为观众呈现了黄河文化视听盛宴。山东卫视则推出《黄河文化大会》《馆长来了》等节目，通过沉浸式答题互动环节展开黄河文化寻根之旅，邀请博物馆馆长讲述文物里的黄河文化故事。一系列黄河文艺节目用丰富的黄河知识、深情的“黄河故事”展示了鲜活的黄河精神，推动了黄河文化传承发扬。

黄河文创产品彰显特色。为讲好新时代“黄河故事”，黄河沿线城市开发了一系列富有特色的黄河文创产品。例如2021年河南郑州举办的黄河标志和吉祥物发布会，推出“这里是黄河”地标群雕、摆件、毛绒公仔、文创口罩、文创行李箱、公益海报等首批“河宝”文创产品，推动古老的黄河文化跨入超级IP时代。这些文创产品应用场景丰富，涉及办公和日常，展示了黄河流域的文化底蕴和资源特色，对于弘扬优秀传统文化、满足游客多元文化需求有着重要意义。

黄河文化旅游逐渐升温。黄河文化与旅游的有机融合，是促进黄河文化传承发展的重要路径。近年来，黄河流域 9 省区积极建设黄河文化旅游带，带动黄河文化旅游市场热度不断升高。黄河寻根问祖之旅、中华文明探源之旅、黄河世界遗产之旅、黄河生态文化之旅、中国石窟文化之旅、黄河安澜文化之旅、红色基因传承之旅、黄河非遗之旅、黄河古都新城之旅、黄河乡村振兴之旅 10 条黄河主题国家级旅游线路成为精品旅游线路，奏响了新文旅时代的“黄河大合唱”。

“黄河远上白云间，一片孤城万仞山。”黄河不仅是一条地理意义上的河，还是一条文化精神长河。一直以来，黄河造就着中华儿女不屈不挠、豪放豁达的顽强品质和自强不息、勇于创新的人文精神。正是在黄河精神的激励下，黄河沿线人民群众谱写了黄河文化新篇章，焕发出了时代新能量。

88

《黄河大合唱》如何唱响英勇斗争精神?

1939 年，《黄河大合唱》在延安诞生。《黄河大合唱》的创作有着深厚的历史背景。1938 年 10 月，武汉沦陷后，诗人光未然带领抗敌演剧队第三队，从陕西宜川县的壶口附近东渡黄河，转入吕梁山抗日根据地。途中他目睹了黄河船夫们与狂风恶浪搏斗的情景，倾听了高亢、悠扬的船工号子，乐思如潮。1939 年 1 月，光未然抵达延安后，创作了朗诵诗《黄河吟》。

冼星海回国后，痛感民族危亡的深重，深知民众的痛苦。在民族危亡的紧要关头，他毅然决然地选择站在民族斗争的前面，坚信中国共产党才是中华民族的中流砥柱，为了民族解放，为抗战发出怒吼，他决心纵笔谱写歌曲。1939 年，他去看望病床上的青年诗人光未然，听其朗诵《黄河吟》并讲述黄河呼啸奔腾的壮丽景象时，引发了自己深深的共鸣。冼星海听后表示要为演剧队创作《黄河大合唱》，半月之内即完成了该作品八个乐章及伴奏音乐的全部乐谱。同年 3 月，在延安一座简陋的土窑里，冼星海抱病连续创作 6 天，完成了《黄河大合唱》的作曲，按照大合唱的歌词改写。怒吼、咆哮的黄河意象，鼓舞着中国人民的抗战意志，托起了民族解放的复兴希望。作品由八个乐章组成，它以丰富的艺术形象、壮阔的历史场景和磅礴的气势，表现出黄河儿女的英雄气概，谱写了这一时代中华民族的音乐史诗。

一条哺育中华民族的黄河，一片镌刻红色记忆的黄土地，为中国共产党人提供了永不枯竭的精神源泉。在抗战之时，在民族危难之际，两位作者为抗日战争树立了一座音乐文化的丰碑。《黄河大合唱》建立在黄河沿岸民间音乐的基础之上，建立在抗战歌咏运动丰富的经验之下，又大胆地融合了西方的音乐文化，是全世界中国人共同喜爱的艺术珍品，在世界上产生了广泛的影响。

《黄河大合唱》能代表一种精神，就是民族精神；能代表一个时代，就是抗战时代；能代表一种文化，就是黄河文化。《黄河大合唱》歌颂了中华民族坚贞不屈、顽强抗争的力量，成为时代持久的强音，成为永恒的艺术精品。直到今天，《黄河大合唱》依然激励着国人团结一心，不断前进，为中华民族伟大复兴而奋斗。

89

“实事求是”怎样成为延安的石刻记忆？

在延安革命纪念馆展厅中，陈列着四块题字石刻，上书“实事求是”四个苍劲有力的大字，这是毛泽东同志为中央党校题写的校训。在中国革命的大背景下，当时中央党校的教学方法是理论联系实际，通过研究马列主义的理论，试图解决中国革命的实际问题。

“实事求是”一词，最初出现于东汉史学家班固撰写的《汉书·河间献王传》，讲的是西汉景帝的儿子河间献王刘德“修学好古，实事求是”。到了明朝，王阳明在宋代朱熹“格物致知”“理在事中”的基础上，倡导“实事求是”的学风。“实事求是”原本是指一种严谨的治学态度和方法，也是中国古代学者治学治史的座右铭。后来，在中国共产党领导全国人民进行革命战争的过程中，“实事求是”这一思想被赋予了与时俱进的深刻含义。

1935 年 10 月 19 日，红军经过艰苦卓绝的二万五千里长征，到达陕北吴起镇。从三个方向走来的一群群红军，穿着军服，背着行李，燃烧着热情和信念，朝着根据地汇合。在青年人的嘴里、耳里、想象里、回忆里，延安像一支崇高的名曲的开端，响着洪亮动人的音调。中国共产党何以能从延安扭转乾坤走向胜利？其原因就在于延安精神。延安精神是中国革命取得胜利的重要法宝，也是共产党不断取得胜利、凝聚力量的精神支柱。而延安精神的精髓又在于解放思想、实事求是。

90

人民公仆焦裕禄怎样带领群众在黄河边治沙？

脚踏实地、不断进取、为国为民、鞠躬尽瘁，这些鲜活的词仿佛就是为焦裕禄而生，生动地勾勒出了他伟大的形象。岁月流逝，精神永恒，焦裕禄这个永不褪色的名字在新时代依然直抵人心、催人奋进。焦裕禄作为一个在贫困家庭中长大的孩子，更加懂得生活的艰辛，能够体会百姓的苦难。焦裕禄在 24 岁的时候就加入了中国共产党，并开始了不断求学进取的艰苦生活。从那时起，他也坚定了一颗立志让人民过上好日子的心。

1962 年冬，正是豫东兰考县遭受内涝、风沙、盐碱“三害”最严重的时刻。就是在这样的关口，焦裕禄来到兰考工作。由于历史上黄河多次在境内决口，内涝、风沙、盐碱“三害”严重，兰考遭遇严重的灾荒，全县的粮食产量下降到历史最低水平。一年多的时间里，焦裕禄跑了全县

图 5-1　焦裕禄同志纪念馆

149 个生产大队中的 120 多个，走进了最贫苦的群众中间。焦裕禄同志带领兰考人民战天斗地，在除“三害”的斗争中，焦裕禄同志亲自率领干部、群众进行了小面积翻淤压沙、翻淤压碱、封闭沙丘试验。然后，以点带面，全面铺开，总结出了整治“三害”的具体策略，探索出了大规模栽种泡桐的办法。通过一年的艰苦奋战，兰考的治沙、治水、治碱工作取得了明显成效。

作为人民公仆，焦裕禄把一生的热血乃至生命都奉献给了兰考这片土地，受到了无数人的敬仰和爱戴，也是我们每个人都要学习的好榜样。现如今，焦裕禄精神已经成为赞美一个人品德的形容词，代表着不怕困难、吃苦耐劳、廉洁奉献……

新时代开启新征程，新使命需要新担当，焦裕禄精神一直在发挥着重要作用。在经济建设的主战场，在脱贫攻坚的最基层，在科技创新的最前沿，在疫情防控的第一线……新时代的共产党人传承着焦裕禄精神，赢得了人民群众的认可，取得了举世瞩目的成就。时代在召唤一个又一个、一批又一批焦裕禄精神的传承者和实践者。

91

红旗渠水怎样映照了团结协作精神？

位于南太行山东麓的河南林县，到 1944 年当地解放之时，全县水浇地面积较少，有的村民甚至要走漫长而崎岖的山路才能取到水。1959 年春天，一场始料未及的大旱，降临在这片方圆2000多平方千米的山区土地上，几条过境河接近断流，水渠无水可引，水库无水可蓄，秋播无法开展。常年饮水困难的残酷现实让人们认识到，要想彻底解决林县缺水的问题，必须把眼光放远，到县外寻找可靠水源。经过深入调研和磋商，人们最终决定建设引水渠，由山西平顺引浊漳河水跨越太行山进入林县。

1960年2月11日，那一天正是元宵节，在县委领导干部的带领下，林县3万多名老百姓踏上了建设引漳入林工程的道路。在一个月后召开的民工代表大会上，这项工程被正式命名为红旗渠。艰苦的自然环境、匮乏的物质资源，没有磨灭林县人民追求美好生活的勇气，反而磨砺出百倍的坚韧，激发出无穷的创造力。

红旗渠的咽喉工程——青年洞，位于金鸡岭下狼牙山的悬崖绝壁上。这里山势陡峭，石质坚硬，打炮眼无法借力。为了加快进度，承担这项艰巨任务的300多名男女青年编成7个突击队，采用了“三角炮位药壶爆破”的方法。此外，林县人在施工中发明了“明窑堆石烧灰法”，不用砌窑，将石灰石和煤逐层垒叠好后封泥烧制，效率大大提高，还节省了近一半用煤量。凭借上上下下、四面八方的团结协作和无私奉献，1965年4月5日，红旗渠最艰难的总干渠工程完工，由山西平顺而来的滔滔漳河水，终于流淌到了林县。

正是社会主义“集中力量办大事”的制度优势，凝聚起改造山河的磅礴伟力，让被干旱缺水折磨了上千年的林县人民完成了“劈开太行山、漳河穿山来”的壮举。时至今日，这道太行山上的蓝色飘带仍在孜孜不倦地灌溉着这片土地，使得曾经的“穷山恶水”变成了“旱涝都不怕，年年保丰收”的富饶山区。“自力更生、艰苦创业、团结协作、无私奉献”的红旗渠精神，像这渠水一般历久弥新，激励着一代又一代人接续奋斗，不断创造出新的不凡业绩。

图 5–2 红旗渠青年洞

这条梦想照进现实的人工天河，记载着林县人不认命、不服输、敢于战天斗地的英雄气概。自力更生、艰苦奋斗是中华民族的优良传统，红旗渠生动诠释了中华民族的品格，吸引着一批又一批国内外人士前来参观，给所有在困难中徘徊的人以向上奋进的力量。红旗渠精神承载着中华民族不可磨灭的历史记忆，不仅是林县人的精神财富，更是我们整个国家和民族宝贵的精神财富，永远震撼人心。

92

三晋第一路是怎样在顽强拼搏中建成的？

在山西，西起省会太原，东至省界旧关，有一条全线长 144 千米、号称全省第一条全封闭全立交的高等级公路——太旧高速公路，这就是让所有山西人骄傲的三晋高速公路。自1993年5月开始建设，到1996年6月25日全线通车，短短的3年时间内，这条公路就创下了当时三项“全国之最”：工期最短、造价最低、质量最优。同时，其因“五年工期三年完成”的傲人成绩，获得了“三晋第一路”的荣誉称号。

尽管地势险峻，山西人民没有被困难吓倒，而是知难而上，顶住了压力，面对一系列困难，勇挑重担，愈战愈勇。太旧高速公路的修筑，得到了全省人民的大力支持，谱写了奉献篇章。

回首那些艰难的基建岁月，三晋人知道，成功从来没有捷径可走，唯有沿着严谨的科学道路，遵循事物的科学发展规律，发挥顽强拼搏、自强不息的精神，才能成功。太旧高速公路的建设，坚持了全方位、全过程、全天候质量监控，在保证了工程的高质量的同时，创造了“五年工期三年完成”的奇迹。太旧高速公路是山西经济社会发展的一个里程碑——结束了全省没有高速公路的历史，迎来山西高速公路发展的春天。

在公路工程建设期间，涌现出了一大批可歌可泣的人物，在历时3年的基建时间里，先后有8名太旧功臣将宝贵的生命献给了太旧建设，以生命和热血铸就了太旧的辉煌。一代代勤劳朴实的山西人民化身为勤劳的修建者，于千山万壑中克服层层艰难险阻。它从根本上改变了山西省落后的交通条件，斩断了莽莽群山对文明富裕的阻隔，提高了山西省在全国的知名度，一定程度上改变了山西的形象，使人们看到了一个不甘落后、奋发进取、不畏困难、勇创大业、改革开放、开拓创新的山西。

93

黄河边的“举县搬迁”怎样反映了家国情怀?

黄河山东段全长628千米，在河槽和大堤之间形成了1702平方千米的滩区。黄河河槽和防汛大堤之间的土地曾被称为滩区，滩区既发挥着行洪、滞洪的作用，又承载着当地群众的生产生活。而居住于其中的60万群众，常年饱受水患威胁，大大小小的洪灾造成滩区居民年复一年的贫困。

众所周知，搬迁工作不容易，滩区迁建最难的是做群众的思想工作。怎样把搬迁工作做得让百姓满意，让群众支持，打消他们的后顾之忧，这是济南市长清区归德街道党工委委员程玉国首先考虑的问题。没来到黄河边时，他根本不知道迁建工作量有多大，每个上台的村庄都要调地，村与村调、队与队调、户与户调，地有远近、有好孬，大迁建如果没有强大的动员组织能力，根本办不了。滩区群众一直盼望搬出滩区，可真等到要搬的时候又故土难离，有的对政策不理解。工作的干部被骂过、轰过，但面对困难，他们从不气馁，同时还创造性地提出“三步工作法”。究竟何为“三步工作法”？其一是入户走访法。对工作难度较大的动员部分，动员镇直机关的干部职工，并邀请本村籍在县城和在外地工作且有一定影响力的人员一起回村，逐户走访。其二是开会动员法。为了有效推进工作，在宣传动员、精准登记、拆解上岸、补偿资金发放阶段，都要层层召开会议，宣传动员、培训骨干。然后，由这些骨干力量逐组逐户对村民家庭开展深入细致地说服教育，促进工作顺利开展。其三是先易后难法。把全村村民分成两类来开展工作，针对确实打从心底不愿意的外迁移民，先动员拆除，树立榜样，带动一片；针对一些本土企业大户及确有困难的村民，制定“合并、拆解、暂存、限期拆除”的工作方针。

百年大计，民生为本，黄河滩区迁建工程不仅承载着中央和省市的重托，还承载着滩区群众多年来的安居梦。“黄河宁，天下平”，现如今，黄河滩正在成为安居乐业的幸福滩。2020 年，山东把黄河滩区脱贫迁建作为脱贫攻坚和乡村振兴的重点任务，急百姓之所急，想百姓之所想，在此过程中逐渐形成新时代黄河治理的“山东经验”。统筹推进经济发展和民生保障，只为给 60 万滩区群众一个安稳的家，同时也给党和国家交上一份满意的答卷。

随着黄河流域生态保护和高质量发展上升为国家战略，山东恰合时宜地抓住了战略机遇，做好黄河滩区迁建“后文章”，努力在推动黄河流域生态保护和高质量发展路途上开拓创新、奋勇当先。

94

黄河边的蓑衣樊村如何让绿水青山变金山银山？

淄博高青是深藏在黄河臂弯里的一方沃土。滚滚黄河水养育了黄河儿女，孕育了丰富的物产，沉淀了黄河文化。曾经的高青蓑衣樊村因多次遭受黄河水的侵袭，产生了大片盐碱地，难以耕种农作物。后来为沉清黄河水，三分之二的土地又成了沉沙池，这让在土地上讨生活的村民们生活更加困难。

黄新海在卸任蓑衣樊村党支部书记后，时任村委会主任司国营开始筹建乡村旅游项目，黄新海便向司国营支招：何不凭借一身好厨艺搞个农家乐运营。两人一拍即合，拆养殖场，开农家乐。“买什么餐桌、炊具，怎么经营，村里通通有指导。”黄新海说，村里第一批民宿、农家乐很快就开了起来。其中，农家乐有18家，民宿有14家。

2014年5月，国务院办公厅印发《关于改善农村人居环境的指导意见》。山东省随即在全省开展了大规模、全方位的农村人居环境治理改善，蓑衣樊村也不例外。此前的蓑衣樊村，出门泥洼路，门前都是垃圾堆，遍地污水沟。作为沿黄村，不管是保护黄河还是发展旅游，改善村容村貌都势在必行。刚开始，部分村民不理解，黄新海作为党员及干部率先带头行动，在村里建起了垃圾集中堆放点，很快，门前变得干净敞亮。清完垃圾，再完善基础设施：画标线、挖基槽、搬管道，村里开始铺设污水管网；整土坯、垫石子、浇水泥，道路硬化工程同步启动。与此同时，政府下拨资金，推进“厕所革命”。

蓑衣樊村环境在改善的同时，周边湿地环境也在恢复。2014年，依托天鹅湖慢城湿地景区建设，高青县对湿地实施造林绿化、工程固沙。裸露的沙丘渐渐变得绿意盎然，景区绿化率达到85%以上。通过整合村里的闲散宅基地等资源，开发水稻插播、稻田钓蟹、湿地泛舟等特色旅游体验活动，蓑衣樊村从只售卖农产品转变为提供乡村体验场景和经销农副产品。

经过几年发展，原先的贫困村蓑衣樊村发生了质的飞跃，村民既有了“面子”也有了“里子”，村里的人终于吃上了“生态饭”，该村作为乡村振兴样板区可谓实至名归。

95

福建省与宁夏回族自治区在脱贫攻坚中怎样结下了“山海情”？

《山海情》是一部扶贫题材电视剧，讲述了 20 世纪 90 年代，宁夏回族自治区西海固贫困群众在政府号召下移民搬迁到贺兰山脚下的闽宁镇，在福建省援助下改造荒滩、开拓家园的奋斗故事。故事中的闽宁镇隶属于宁夏回族自治区永宁县，距离银川市不到 40 千米，是 6 万多西海固移民从荒滩上垒起的“新家园”。

1996 年，在党中央作出东西部结对帮扶的战略部署下，福建省和宁夏回族自治区建立起对口协作关系。自此，远隔千山万水的闽宁两省区结下了不解之缘，一批批带着海风和温暖的福建援宁人，从闽江水畔来到六盘山下。多年来，闽宁之间守望相助，从单向扶贫到产业对接，从经济援助到社会事业多领域深度合作，形成了独具特色的“闽宁模式”，为宁夏回族自治区脱贫攻坚提供了不竭动力。

1997 年 7 月 15 日，福建省和宁夏回族自治区共建的“闽宁村”在银川市永宁县一处戈壁滩上破土开工。“苦瘠甲天下”的宁夏回族自治区西海固地区部分贫困群众离开了世代居住的村庄，跨越数百千米，搬离大山开始建设新家园。搬迁之初，移民们的新家园还是一片荒滩，群众年人均可支配收入不足 500 元。从深山跑出来的西海固人对美好生活有着强烈的向往，他们从平地盖房起家，筛土整地，开春播种。通了黄河水，种枸杞，种玉米，种葡萄，连年丰收回馈了庄稼人，这里也吸引了更多人扎根。

在两地通力协作下，当地基础设施迅速建设完善。帮扶离不开产业，福建农林大学教授、国家菌草工程技术研究中心首席科学家林占熺发明的用菌草种植菇类的实用技术，被列为最早的闽宁对口扶贫协作项目之一。1998 年，林占熺带着技术团队，手把手教闽宁村的村民种双孢菇，这是移民接触到的第一个产业。刚从山大沟深的西海固搬迁到这里的村民们，既没见过菌草，也没见过双孢菇，顾虑重重。经过林占熺手把手指导，率先种植的农户尝到了发展新产业的甜头。村民们见到了实惠，也纷纷建棚种菇。

经过 20 多年的发展，助力村民脱贫的双孢菇，已经从小作坊搬到了智能化厂房。在宁闽合发生态农业科技发展有限公司的低温生产车间里，一朵朵白色双孢菇煞是喜人，棚内毫无异味，由物联网控制的智能系统随时根据蘑菇生长需要调节温度和湿度。这座现代化的双孢菇栽培工厂，由两省在 2018 年共同出资建成，通过智能化控温栽培等技术，可实现全年不间断出菇，年销售额达 1000 多万元。

经过一代代移民“拓荒”，起初只有 8000 多人的闽宁村已变为 6.6 万人安居乐业的闽宁镇，昔日的“干沙滩”变成了今天的“金沙滩”。20 多年来，闽宁镇使用东西协作资金累计达 2.46 亿元，共安排实施项目 57 个，累计引进闽籍企业 13 家，涵盖养殖、种植、制造加工、电子商务、高新技术等领域。在 2021 年 2 月 25 日举行的全国脱贫攻坚总结表彰大会上，闽宁镇荣获“全国脱贫攻坚楷模”荣誉称号。

随着电视剧《山海情》的热播，闽宁镇也成为热门打卡地。在这里，人们可以切实感受到山海虽相隔甚远，但情谊永久绵长。

96

黄河边的吕梁山中有哪些说不尽的英雄故事？

吕梁山是黄土高原上的一条重要山脉，是黄河中游黄河干流与支流汾河的分水岭。吕梁山与黄河、汾河，共同孕育了一片两万多平方千米的土地。这片古老的土地，见证了“三家分晋”，倾听着碛口古镇骡马运输队的马蹄声。

吕梁山区黄土遍布，山峰耸立，沟壑纵横，在烽火岁月和艰苦建设年代，锻造出了宝贵的“吕梁品质”。当地人概括这土地里生长出的品质之花：艰苦奋斗、顾全大局、自强不息、勇于创新。

2017 年 6 月，在山西省考察工作的习近平总书记来到晋绥边区革命纪念馆，郑重地向革命烈士敬献花篮。他动情地说：“革命战争年代，吕梁儿女用鲜血和生命铸就了伟大的吕梁精神。我们要把这种精神用在当今时代，继续为老百姓过上幸福生活、为中华民族伟大复兴而奋斗。”

面对外族入侵、民族危亡，吕梁儿女奋起反抗，他们拿起大刀、步枪、火枪，与装备精良的日寇伪军进行战斗，谱写了一曲不朽的“吕梁英雄传”。解放战争时期，吕梁作为晋绥边区的腹心地区，承担了供给中央和西北财政、物资等支出的主要任务。新中国成立以来，吕梁作为山西省重要的能源产地，煤铁产量居全省前列，默默支撑着国家建设。党的十八大以来，党中央把贫困人口脱贫作为全面建成小康社会的底线任务和标志性指标，在全国范围全面打响了脱贫攻坚战。截至 2020 年 2 月底，13 个吕梁山集中连片特困片区县全部脱贫摘帽，吕梁山集中连片特困区第一次摆脱了区域性绝对贫困。

一件件英雄事迹，彰显了吕梁人民以国家大局为重的胸怀与格局，诠释了吕梁人民对党忠诚的政治立场，书写了吕梁人民无私奉献的家国情怀。

97

自强不息的“三秦楷模”如何在黄土高原缔造绿色奇迹？

在榆林市米脂县城向北 20 千米处，有一个被称为“陕北小江南”的地方，“高山松柏连成片，陡坡牧草绿油油，水库清澈映青山，平展坝地喜丰收”是这里的真实写照。这就是高西沟村，一个由几代人缔造的黄土地上的绿色奇迹。

看着如今满目苍翠的高西沟村，很难想象它曾经是一个荒芜贫瘠的穷山沟。高西沟村 90% 以上的耕地坡度在 20 度左右，全村有 40 座山峁，21 道沟壑，老百姓常常“广种薄收”。因过度垦荒，加上土质松软，高西沟村成了黄河中上游水土流失最严重的区域之一，村民们勤勤恳恳开垦耕作，却是“越刨越穷”。“雨涝流泥浆，冲成万道沟。肥土顺水走，籽苗连根丢”的民谣是当时高西沟村的真实写照。

痛则思变，1958 年，时任高西沟村生产大队队长的高祖玉带领村民们走出了一条新路：村民们不再垦荒，而是开始探索治沟治坡，征山治水。一开始，村民们在沟里打坝、拦泥拦水，但修好的坝总被山洪冲毁。村民们意识到治沟不治坡是不行的。在高祖玉的带领下，村民通过全面调查，明确了沟坡兼治、治坡为主的做法，即以治理坡面为主，修水平的台阶式梯田，同时在沟道节节筑坝、层层拦蓄，淤地种植。这种方式形成的坝地，含有大量的牲畜粪便、枯枝落叶等有机物质，易形成土壤肥沃、水分充足、抗旱能力强的高产农田。到 20 世纪 70 年代，高西沟全村 85% 的山沟得到治理，打了 121 座淤地坝，修了 7 个蓄水池，建起了 2 座水库，有效改善了当地的农业生产条件和生态环境。

改革开放以来，高祖玉又带领村民将前些年开垦的低产远坡地种上林草，规划发展林牧业。经过多年探索实践，高西沟人在生产中逐渐形成林地、草地、田地各占三分之一的“三三制”用地模式。随后经过不断创新发展，人们又把“三三制”模式升级发展为“三二一”模式，即林地、草地、粮地的用地比例为 3 ∶ 2 ∶ 1。从“三三制”到“三二一”，不仅是土地利用结构的调整，更是产业结构的升级。在“三二一”模式下，高西沟村的生态效益、经济效益、社会效益都得到了显著提高。

2006 年，在一次农业技术培训会上，高西沟村党支部书记姜良彪学到了发展苹果产业带动村民增收的经验。一年后，高西沟村开始尝试种植苹果树，村民剪枝、套袋，更新改造老果园。近年来，高西沟村依托本村生态资源，大力发展乡村旅游产业，建成了水库及水土保持成果展览室、

图 5-3　高西沟水库

党建展室等。往来的游客不仅能进入林区自由采摘苹果、大扁杏、葡萄等应季水果，还可以体验住土窑洞、吃农家饭、干农活，领略黄土高原风情。

在“三秦楷模”的带领下，如今的高西沟“层层梯田盘山头，阵阵果香飘满沟”！“绿色奇迹”靠的不仅是脱贫攻坚的信念，更是自强不息的精神。

98

黄河边义务巡河 20 年的范运亭为何锲而不舍？

在开封柳园口湿地，每天清晨四五点，都会出现一位老人。到鸟类迁徙季，老人干脆住在滩区。大家亲切地称呼这位老人为“老范”。这位再朴实不过的农民，却让一部分人闻风丧胆，而又有人说：“老范，是个傻人！捡到大雁，送到保护站！”

2007 年的一个夜晚，义务巡护的老范在滩区发现几只被药毒杀的大雁。他根据经验判断盗猎者应该就在附近，于是他决定蹲点。不久之后对方出现，老范假扮有意者买下死大雁并跟盗猎者套近乎。在消除盗猎者戒心，掌握证据、留下电话、摸清地址后，老范立即拨通了野生动物保护站执法人员的电话。后来，老范接到该盗猎者的恐吓电话，盗猎者利诱老范：只要以后他不再管，便可每月拿到 5000 元。

作为土生土长的黄河滩原住民，范运亭从小喜欢看看水鸟，干干农活。得天独厚的黄河湿地滩区，是南来北往的鸟类水禽的栖息天堂。然而，倾心这里的不仅有鸟儿，还有越来越多的偷盗捕猎者。黑鹳、白鹳、白头鹤、大雁、大鸨、白天鹅在有些人眼里，那可是哗哗作响的银子。于是，各路盗猎者张网的张网，下药的下药，看着日渐稀少的飞鸟，散落河滩的羽毛，老范爱鸟成痴的心可怎受得了："把鸟都抓完杀完可咋办！"

守着黄河水土长大的人，血液里总有一股不屈的劲儿。带着执念，老范来到野生动物保护站，自告奋勇成了黄河湿地义务巡护员。他人生中最重要的兼职正式开启：义务守护黄河湿地！一个人，一辆自行车，一转眼，二十年。他义务巡护保护区水面，每天在保护区的骑程就要十多千米。有人说，他是在用脚步丈量河滩，用实际行动为野生动物撑起保护伞。一瓶凉水，一双胶鞋，一副望远镜便是全套装备。他见网就收，见伤鸟就救。除了在家干农活，就是出来转河滩，遇到捕鸟贩子，一定苦口婆心劝诫。有的人托关系上门送钱送礼欲收买他"金盆洗手"，更有甚者威胁恐吓，再敢管闲事就砸烂他脑袋。老范通通不屑："要是为了钱，我就不会做这份工作！想砸烂我的头？来吧，老汉从来不怕这个。"

"我的理想，把黄河滩区能圈一块，让鸟类有集中休息的地方，不受打扰。希望能有相关部门和爱鸟的老百姓，能提供点粮食撒给鸟。这是我这辈子最大的心愿，别的愿望啥也没有了，只希望咱黄河滩区一年比一年好"，这是老范的小小心愿。而黄河安澜，也是几千年来中国人的心愿。每一位喝黄河水长大、受黄河文明孕育的人站立河滩，远眺滚滚黄河水，放眼和谐自由的各种生灵很难不被感动。千年梦圆，今天的我们何其有幸，不再需要面对残酷的自然。现在我们和这片水土的牵挂羁绊，仍在继续。守护湿地，保卫黄河，避免生态危机，你我有责任共同行动！

99

黄河边的村医贺星龙怎样无私奉献?

在山西省有一位医生，20 多年来一直在黄河边为乡亲们看病，向乡亲们承诺并践行不接受出诊费用。这位医生为了给乡亲们看病，骑着摩托车出入大山大河之间，服务方圆 28 个村庄的村民，把每一个病人都当作亲人。这位医生就是贺星龙。

贺星龙出生在山西省临汾市大宁县乐堂村，这里土地贫瘠，曾经是出了名的贫困区。贺星龙作为家中的长子，早早就承担起了家里的责任。在少年时，他亲眼看着爷爷因为无钱治病去世，而爷爷临终时对他说要好好读书，未来学医。这成为贺星龙后来为乡亲们治病的动力。

初中毕业后，贺星龙努力考上了太原市卫校，但是家里贫穷拿不出学费，后来乡亲们一起为他凑够了学费，帮助他完成学业成为一名医生。毕业后的贺星龙本可以留在城里，但是他心想："村民凑钱供我上卫校学医，就是想让我能回到村里给大家看病，我能留在城里吗？"怀着一颗朴实之心的贺星龙，始终记着乡亲们对他的帮助，于是他作出了最遵守初心的选择。

多年来，贺星龙奔波在乡村山间行医，得到乡亲们的信任和爱戴，但他觉得愧对妻子和孩子。孩子进城上学的那天，索堤村 70 岁的老人郝芳花专门来到贺星龙家，送来了 20 多个鸡蛋，握住他的手哭着说："星龙，你可不能走，走了谁给我们看病，我儿子都在外面打工，谁照顾我？""不走，我会继续留在村里为大家看病。"贺星龙说，他要走了就对不起曾经帮助过他的老百姓，更对不起老百姓对他的这份真情。

现在贺星龙依然骑着他的摩托车奔波在十里八乡，他用心坚守，服务这片黄土地上的父老乡亲，守护着乡亲们的身体健康。2019年，他获得了全国脱贫攻坚奖项的贡献奖，在接受记者专访时，却觉得“受之有愧”，得奖后，他觉得更要为家乡作贡献，“继续力所能及去帮助我们村子里的人，让这个奖更加有意义”。

100

坚持人民至上的朱显谟院士怎样追求黄河水清?

“全部降水就地入渗拦蓄，米粮下川上塬，林果下沟上岔，草灌上坡下坬。”这28个字是黄河治理的关键依据，为黄土高原脱贫打下了科学基础。这是朱显谟院士为了治理黄河，几十年来的调查研究凝聚而成的“黄土高原国土整治28字方略”。

朱显谟毕生致力于黄土高原水土保持与生态建设研究工作，于20世纪80年代初提出“黄土高原国土整治28字方略”。为了心中“黄河清”的梦想，半个多世纪以来，朱显谟默默奉献在广袤的黄土高原，为黄土高原治理与开发作出了巨大贡献!

出生在上海崇明农村，朱显谟从小就深知农民的辛苦，早早便知道了土地对于农民的重要性。小时候看着农业工作的艰辛和微薄的粮食收成，朱显谟心中萌生了要凭借自身努力改变农业落后状况的想法。中学毕业后，他毅然决然报考农业化学系。毕业后，朱显谟先后前往四川、贵州、广西、湖南、江西等省开展土壤调查工作，并总结出了土壤调查工作的“四到一问”，即走到、摸到、看到、访问到和最后问一个为什么。调查工作开展多年来，他的心中始终有一个梦叫“黄河清”。

新中国成立后，我国黄河治理效果显著，但黄土高原的水土流失并未得到有效控制，水患未根本消除。

朱显谟一贯认为黄河治理问题实质上是黄土高原的土地合理利用问题。“黄土高原严重水土流失造成了长期以来‘广种薄收，薄收更广种’，下游河堤‘越加越高，越高越险，越险越加’‘河床愈高，断流上溯愈快，历时更长’的恶性循环。”为此，朱显谟积 40 余年实践经验，于 20 世纪 80 年代初提出了“黄土高原国土整治 28 字方略”。

如今，黄河的水比以前清了，朱显谟院士却离开了我们，但他留下的“黄土高原国土整治 28 字方略”仍在发挥着作用。

101

崇尚科学的“治黄人”张金良如何守护黄河安澜？

2019 年 9 月，习近平总书记主持召开了黄河流域生态保护和高质量发展座谈会。自此，黄河流域生态保护和高质量发展上升为国家重大战略。黄河的百年安澜离不开一代代治黄人的执着和智慧。

作为一名治黄科技工作者，张金良深度参与黄河治理已有 35 个年头。他长期从事黄河调水调沙理论与实践研究，担任黄河古贤水利枢纽、泾河东庄水利枢纽、南水北调西线、黄河下游生态廊道建设等重大工程设计总工程师。新中国成立后，黄河岁岁安澜。作为接棒者、建设者、见证者，张金良从治黄人的角度，讲述、解析黄河流域生态保护和高质量发展上升为重大国家战略以来黄河水沙治理的关键、科技创新的重要性以及治黄规划。

1985 年，张金良成为一名治黄科技工作者。作为黄河之治的参与者、建设者、见证者，张金良深切体会到科学技术在黄河治理中发挥的关键作用。张金良介绍："我们创立库区滩槽同步塑造技术，深化了对黄河水沙关系和水沙调控规律的认识，避免了小浪底库区支流拦门沙的形成，使支流库容得以充分利用，充分发挥了大型水利枢纽的作用。"最近研究提出的"水沙关系协调度"基本概念和计算公式用以表征黄河水沙关系协调程度，为完善水沙调控提供了基础理论支撑。

随着黄河流域生态保护和高质量发展上升为国家重大战略，黄河流域发生了一些显著变化。"首先是生态保护的意识不断加强"，张金良说，如今黄河流域的治理思路已从改变自然、征服自然为主转向调整人的行为、纠正人的错误行为为主；水资源管理的思路更加强调节水控水，从思想上认识到水资源是最大的刚性约束，水资源保护意识不断加强；发展理念正在向高质量发展转变。近年来，沿黄各省区的思想认识和发展观念已经统一到以生态优先、绿色发展为导向的新路子上来；全社会更加注重保护和治理的系统性、整体性、协同性，治理黄河"一盘棋"思想得到显著提高；更加注重顶层设计；社会关注度显著提升。

张金良以亲身经历，讲述着依托科技创新支撑黄河流域生态保护和高质量发展的故事。2020 年 5 月，张金良荣获第二届全国创新争先奖。他再一次强调，黄河流域生态保护和高质量发展的实现，要用科技创新来支撑。"这是水利科技工作者的使命和职责，也是我们的奋斗目标。"谈及未来，张金良说："我们治黄人必须担当作为，牢记国家和人民的嘱托，以'功成不必在我'的精神境界和'功成必定有我'的历史担当，积极投身治黄主战场，查找治黄工程短板，加强治黄战略研究，破解治黄技术难题，努力谱写新时代治黄事业新篇章。"

102

袁家村如何在开拓创新中打造"乡村旅游第一村"？

陕西省咸阳市礼泉县烟霞镇袁家村地处关中平原腹地，坐落在世界最大的皇家陵园唐太宗昭陵九嵕山下，是一个拥有 1000 多年历史的古村落。袁家村具有浓厚的关中历史文化氛围和较强的地域特色，打造出一种适应本土的乡村振兴模式，成为中国乡村振兴和乡村旅游的典范。

迈入 21 世纪，袁家村实现了由"乡村旅游"向"乡村度假休闲旅游"自主探索模式的转变。自 2007 年开始，老支书郭裕禄的儿子郭占武担起了重振袁家村的重任，他带领村民，以村为载体，以村民为主体，打造以关中民俗文化为主题的村景一体式旅游景区，建成了文化氛围浓厚、地方特色鲜明的"关中印象体验地"。

经过 10 余年的发展，袁家村旅游年接待总人数一直处于增长阶段，旅游总收入和村民年人均收入不断提高。袁家村汇集了多个创客，据统计，已有千人在袁家村投资、开店、做生意，吸纳了周边村民及外地人等"新袁家村人"就业，旅游总收入超 3.8 亿元，本村村民人均纯收入不断增加。

袁家村还通过统筹周边10余个村庄的产业合作，带动周边数万名农民实现增收，加快了村域经济发展和社会转型。

袁家村能成为乡村振兴的典范，主要是因为实现了两方面的创新：一是在缺乏发展条件的区域，经过内部长期探索，走出来一条发展“乡村旅游和特色小镇”的商业模式；二是创造了一种村集体经济下的组织模式，体现在股份合作及以企业管理方式治村两方面，激发出内部的创新与发展活力。袁家村发展农村集体经济，以股份合作为纽带，促进了农户与新型经营主体联产联业，打造了利益共同体。

袁家村通过扩大优势项目的规模及效应，走出一条不同于“由一产向二产和三产拓展”的传统发展道路，在旅游带动下，形成“由三产带二产促一产、基于品牌溢价的多维度产业共融”的袁家村发展道路。袁家村以民俗旅游起步，推动第三产业的快速发展，成立“前店后厂”和农产品的加工企业，加工业的升级壮大了第二产业，导致对优质农副产品的需求增大，推动第一产业规模发展，实现一二三产业的融合及联动。此外，该村还开创了“乡村旅游和特色小镇”的商业模式，袁家村通过打造以关中民俗和乡村生活为核心的内容，形成了产业融合，以旅游作为先导，导入人流而形成了品牌，植入了产品而形成了产业。

多年来，袁家村坚持开拓创新，不断提升旅游硬件环境，治理旅游软环境，注重口碑效应，加强素质提升，力争把新村打造成陕西民俗文化旅游第一品牌、陕西乡村度假第一品牌、陕西健康农产品第一品牌，为实现乡村振兴战略而贡献力量！

参考文献

[1] 邓红 . 黄河博览［M］. 北京：中国民族摄影艺术出版社，2002：250.
[2] 任俊华，庞小条 . 黄河文明的精神内核［J］. 中国民族博览，2022（16）：48–50.
[3] 张小莉 . 九曲黄河万里沙［M］. 郑州：河南人民出版社，2021：17–20.
[4] 韩茂莉 . 黄河水患三千年［J］. 法人，2021（8）：93–96.
[5] 牛建强，殷继龙 . 命运多舛：历史时期的黄河水灾［N］. 黄河报，2018–01–30（4）.
[6] 程遂营 . 丝绸之路上的古城［M］. 郑州：河南大学出版社，2019：1–22.
[7] 程遂营 . 中国古都文化［M］. 郑州：河南大学出版社，2022：7–8.
[8] 中国旅游研究院文化旅游研究基地 . 中国文化旅游发展报告 2021［M］. 北京：中国旅游出版社，2022：244–245.
[9] 李秋香，陈志华，罗德胤 . 碛口古镇［M］. 北京：北京出版社，2020：230.
[10] 李敏，李讷 . 平民毛泽东［M］. 北京：中国摄影出版社，2013：23.
[11] 梁申威 . 黄河之魂［M］. 太原：山西人民出版社，2016：79–81.
[12] 张新斌 . 保护传承弘扬黄河文化的河南使命［M］. 北京：社会科学文献出版社，2021：99–100.
[13] 徐峰，郭治鹏 . 黄河国家文化公园的文化属性、内涵意蕴与传播表达［J］.

新闻爱好者，2023（1）：81–83.
[14] 雷宇 . 推进黄河国家文化公园建设 [N]. 开封日报，2022-01-12（1）.
[15] 王益人 . 远古遗踪（连载）——山西芮城西侯度遗址发现始末 [J]. 文史月刊，2016（1）：74–80.
[16] 王子初 . 贾湖骨笛的“七声”研究与东亚两河的音乐文明 [J]. 中国音乐学，2022（3）：4–11+73.
[17] 何星亮 .“华夏第一龙”探析 [J]. 东南文化，1993（3）：41–53.
[18] 陈星灿 . 考古随笔 [M]. 北京：文物出版社，2002：244–246.
[19] 石舒波，于桂军 . 圣地之光：城子崖遗址发掘记 [M]. 济南：山东友谊出版社，2000：73–75.
[20] 王月前，洪石 . 图说中国文化：考古发现卷 [M]. 长春：吉林人民出版社，2007：76–79.
[21] 柯仁 . 河南文化记忆 [M]. 郑州：大象出版社，2013：83–85.
[22] 陕西省文物局 . 陕西文物古迹大观（三）[M]. 西安：三秦出版社，2006：257–259.
[23] 苏湲 . 叩醒商城 [M]. 郑州：河南人民出版社，2005：177–191.
[24] 杜学文 . 山西历史文化读本 [M]. 太原：山西教育出版社，2013：39–41.
[25] 孙大章 . 中国古代建筑史话 [M]. 北京：中国建筑工业出版社，1987：25–26.
[26] 刘正 . 商周图像文字研究 [M]. 上海：上海书店出版社，2013：104–115.
[27] 李玉青 . 一尘一刹一楼台：寺庙卷 [M]. 北京：北京工业大学出版社，2013：211–212.
[28] 山东省文物考古研究所，山东博物馆济宁地区文物馆，曲阜县文管会 . 曲阜鲁国故城 [M]. 济南：齐鲁书社，1982：2–54.
[29] 于天为 . 秦始皇陵兵马俑 [M]. 北京：中国旅游出版社，1983：28–

35.
［30］刘庆柱，李毓芳．汉长安城［M］．北京：文物出版社，2003：8–10.
［31］张小梅．中国文物［M］．北京：中国言实出版社，2012：58.
［32］王晓．重视文物的档案价值——鹳雀楼唐代彩绘仿古建筑设计经过的启示［J］．山西档案，2003（4）：33–34.
［33］李鹏飞．名都记：洛阳［M］．北京：北京理工大学出版社，2017：15–24.
［34］刘少宇，张新斌，高树田．梦华宋都：开封［M］．郑州：河南科学技术出版社，2011：97–99.
［35］吴峰云，杨秀山．西夏文明［M］．银川：宁夏人民出版社，2016：3–6.
［36］张文芳，王大方．走进元上都［M］．呼和浩特：内蒙古大学出版社，2005：14–19.
［37］王东光．平遥古城［M］．太原：山西古籍出版社，2001：30–67.
［38］李光明．武陟嘉应观中的建筑意探析［J］．中原文物，2011，162（6）：77–80.
［39］陈伟军．泰山文化概论［M］．济南：山东人民出版社，2012：176–180.
［40］李贤文．《诗经·国风》河东地区与黄河下游诗风比较研究［D］．兰州：西北师范大学，2012.
［41］陈厚朴．黄河文化　一个自强不息的伟大生命——以《诗经·卫风·硕人》为例［J］．南腔北调，2019（11）：2–16.
［42］范运年．黄河：从《诗经》奔涌至今［J］．人生与伴侣，2022（20）：76–78.
［43］赵君．传承黄河文明　赓续精神血脉——以河南长垣黄河号子为例［J］．山东艺术，2022（4）：68–80.
［44］余楠，陈佳平．黄河号子与黄河治理文化的建设与发展［J］．文化产业，2022（17）：71–73.

[45] 张元一，贺纲领 . 黄河号子：喊唱出来的精气神 [N]. 中国水利报，2022-06-09（6）.
[46] 孟扬，唐中科，曹怡晴 . 让传统文化报道深下去美起来——《人民日报》“二十四节气”系列报道创作谈 [J]. 新闻战线，2023（4）：10-12.
[47] 李琪，许丹桂 . 中国二十四节气在文创设计中的创新应用与实践 [J]. 红河学院学报，2023，21（1）：78-80.
[48] 李连荣 . 论《格萨尔·贵德分章本》的同属抄本系统及其汉译文本的情节变异特色 [J]. 中国藏学，2022（6）：190-200+220.
[49] 刘亚超 . 关于《格萨尔》史诗的创造性转化和创新性发展之思考 [J]. 文化创新比较研究，2022，6（34）：99-103+109.
[50] 姚慧 . 对“演述中创编”的概念解构——反思格萨尔艺人的史诗演述个案 [J]. 中国音乐学，2022（4）：84-89.
[51] 赵畅 . 用新唐卡讲西藏发展故事 [J]. 上海企业，2023（2）：100-101.
[52] 禹青 . 唐卡艺术色彩美学视域下的汉藏审美融合 [J]. 中国宗教，2022（10）：84-85.
[53] 于超 . 传统工笔画技法对当代热贡唐卡技艺创新的启发 [J]. 天工，2022（30）：94-96.
[54] 胡筱倩，郝彦添 . 民间音乐与甘肃花儿的共生演化路径研究 [J]. 中国戏剧，2023（2）：73-75.
[55] 赵晓林 . 艺术化展现中国优秀历史文化 [N]. 济南日报，2023-02-01（5）.
[56] 王文慧 . 山、陕、豫大禹神话传说的文化意蕴与当代展演 [D]. 太原：山西大学，2017.
[57] 杨栋 . 神话与历史：大禹传说研究 [D]. 长春：东北师范大学，2010.
[58] 王泰广 . 世界文明的璀璨明珠——莫高窟 [J]. 集邮博览，2020（5）：22-25.
[59] 赵丹，钟培源 . 来自远古人类的“密语”——解读贺兰山岩画 [J].

宁夏画报，2020（5）：90–91.
［60］闫媛．贺兰山岩画：文字出现前的人类记忆［J］．文化月刊，2014（4）：66–67.
［61］陈晨．探析陕北民歌的传承与发展［J］．艺术评鉴，2022（16）：77–80.
［62］王真姊．安塞腰鼓的审美文化价值解读［J］．作家天地，2022（18）：165–167.
［63］徐国忠，焦建军．安塞腰鼓的社会特征与功能价值研究［J］．西安体育学院学报，2006（4）：61–62.
［64］刘娟．民间艺术的明珠——开封朱仙镇木版年画［D］．福州：福建师范大学，2014.
［65］李净仪．唐三彩工艺及其艺术价值［J］．天工，2022（16）：10–14.
［66］柯蔚芳．文质彬彬：汝窑天青釉的审美文化探析［J］．陶瓷研究，2022，37（3）：77–79.
［67］程志理．武术文化之两极：实战性与仪式化——少林拳与太极拳异同略论［J］．天津体育学院学报，1991（4）：35–37.
［68］郝沛然．书会研究综述［J］．科教文汇，2009（1）：218–219.
［69］辛利芹．民间曲艺集市与俗民生活——山东省胡集书会的调查与研究［D］．兰州：西北民族大学，2013.
［70］薛海萍．浅谈皮影戏发展渊源与新途径传承［J］．重庆科技学院学报（社会科学版），2008（11）：169–170.
［71］赵丽．皮影的造型特点及表现手法研究［J］．中国皮革，2022，51（7）：105–107.
［72］左婧，高源．探地雷达技术在黄河下游堤坝探测中的应用［J］．人民黄河，2022，44（S1）：80–81+87.
［73］张美多，栗宝鹃，杜长青，等．综合物探方法在堤防隐患探测中的研究及应用［A］// 中国石油学会石油物探专业委员会，中国地球物理

学会勘探地球物理委员会 . 中国石油学会 2021 年物探技术研讨会论文集 .2021：1432–1435.
［74］刘现锋，谢向文，马若龙，等 . 综合物探技术在复杂土质堤防隐患探测中的应用［J］. 人民黄河，2020，42（12）：41–44+50.
［75］田原 . 无坝引水明渠的泥沙淤积成因及对策分析［J］. 水利技术监督，2019（1）：175–178.
［76］墨宏磊 . 多泥沙河流引水枢纽布置方案比选分析——以平凉市泾河灌区引水枢纽为例［J］. 甘肃科技，2018，34（19）：125–126+129.
［77］郭丽 . 断面加宽对无坝引水工程闸前淤积的影响［J］. 水利技术监督，2018（3）：150–154.
［78］徐霖玉，路明，李冉，等 . 无坝引水明渠淤积成因物理模拟试验研究［J］. 水电能源科学，2015，33（1）：108–110.
［79］黄河勘测规划设计研究院有限公司 . 黄河羊曲水电站进入大坝填筑全面施工阶段［J］. 中国工程咨询，2022（12）：123.
［80］吴作人 . 黄河三门峡大坝［J］. 中国美术，2021（6）：130.
［81］范玉龙，胡楠，丁圣彦 . 小浪底大坝运行前后黄河径流变化与预测研究［J］. 中国农村水利水电，2022（1）：64–70.
［82］朱宇轩，米武娟，李波，等 . 南水北调中线干渠两个水工构筑物对着生藻类群落的影响［J］. 水生生物学报，2021，45（4）：817–825.
［83］张红武，张罗号，景唤，等 . 山东对黄河流域生态保护和高质量发展的作用不可替代［J］. 水利水电技术，2021，52（1）：1–21.
［84］许安强 . 这是一个江河立交的传奇——南水北调中线穿黄工程建设回眸［J］. 环境经济，2020（21）：58–61.
［85］高霞 . 黄河流域甘肃段保护与夯土治理研究［J］. 传播力研究，2019，3（28）：254.
［86］吴方意 . 浅谈中国古代四大发明与大一统性［J］. 西部学刊，2019（16）：133–136.

[87] 盛静.浅谈中国的四大发明对欧洲文艺复兴的影响[J].中国西部科技，2010，9（3）：89-90.

[88] 章秉辰.黄河东流　无限盛景——母亲河的馈赠[J].国土资源科普与文化，2020，23（2）：4-13.

[89] 田宗伟，李鑫业.龙羊峡水电站　水光互补新典范[J].中国三峡，2021，294（11）：84-93.

[90] 桑吉卡.黄河首曲风景秀　湿地保护建奇功：玛曲县湿地保护工作迈上新台阶[J].甘肃林业，2016，155（2）：23-24.

[91] 徐艳文.沙漠明珠沙坡头[J].内蒙古林业，2022，559（6）：40-41.

[92] 罗薛平.菌草芊芊播五洲（下）——记国家菌草工程技术研究中心首席科学家林占熺[J].政协天地，2021（8）：62-64.

[93] 张树锋.乡村振兴视域下吕梁精神红色文化传播创新路径研究[J].山西农经，2023（1）：117-119.

[94] 胡安华.陕西省榆林市米脂县：高原丘壑展宏图　民富村美产业旺[N].中国城市报，2022-11-07（16）.

[95] 姜鹏.隆重纪念中国科学院朱显谟院士诞辰105周年[J].水土保持通报，2020，40（6）：333.

[96] 段永利.张金良：36年，只为守护黄河安澜[J].科技创新与品牌，2021（11）：46-49.

[97] 邓国胜，李彦岩.资源贫乏型乡村产业发展的演化机制研究——以陕西袁家村为例[J].吉林大学社会科学学报，2023，63（1）：38-53+235-236.

[98] 蔡醒民，吴敏.论太旧精神的主旋律[J].前进，1995（10）：4-7.

[99] 张东旭.《黄河大合唱》艺术风格及时代精神[J].艺术评鉴，2022（2）：12-14.

[100] 李江峰，贺秋平，张益博，等."镇馆之宝"背后的故事[N].延安日报，2022-12-08（1）.

［101］樊良新，佟艳．黄河中下游滩区移民搬迁与建设工作研究［J］．河南水利与南水北调，2015（7）：36–37.

［102］徐锦庚，李蕊．家住黄河边，吃上乡村旅游饭［N］．人民日报，2022–09–23（13）.

［103］杨之甜，刘婵，归欣．红旗渠精神永在［N］．河南日报，2023–03–08（2）.

名词索引

（按汉语拼音字母顺序排列）

后 记

黄河国家文化公园是展示黄河文化的重要空间，是中华儿女共同的精神家园。或许，每个人心中都有一览黄河美景的冲动，都有品读黄河文化的憧憬。漫步在黄河国家文化公园之内，穿梭在黄河文化景观之间，体验在黄河文化场景之中，黄河文化的博大精深定会令人赞叹，黄河文化的绚丽多彩定会令人迷恋。

本书是一本帮助读者了解黄河文化、畅游黄河国家文化公园的普及读物。本书系国家社科基金重大项目“建设黄河国家文化公园研究”（21ZDA081）的阶段性成果。本书由河南大学程遂营教授、张野副教授担任主编，具体分工如下：序篇由刘燕格、张野、程遂营编写，历史文明篇由李蝶、李薇、张诗涵、张野、程遂营编写，文化艺术篇由赵佳佳、孙文康、张野编写，科学技术篇由郭玉龙、孙文康、张野编写，绿色生态篇由薛岩欣、郭玉龙编写，时代精神篇由张诗涵、程一澜、程遂营编写。全书由张野统稿修改，张诗涵辅助校对，程遂营审定。

本书的编写得到南京出版社有关领导和编辑的大力支持，在此谨表诚挚的谢意！同时对帮助提供图片资料的高峰、张智民、周学良、张飞、程小恒、宋航等同仁表示感谢！

程遂营

于河南大学文化旅游学院

2023 年 5 月 15 日